虫子有故事

陆生作 著

化学工业出版社
·北 京·

青蛙鸣叫，蜜蜂飞舞，人类与虫子相互依赖，成为这个世界不可或缺的一部分。每一只虫子背后，有哪些源远流长的传说故事？每一声鸣唱背后，又有多少无法述说的情感与源流？人类，到底该如何与虫子相处？本书讲述了关于虫子精彩而丰富的来历和故事、过往与诗意，让读者重新认识那些微小的生命，感知世间万物的多彩与美好。

图书在版编目（CIP）数据

虫子有故事 / 陆生作著 . — 北京：化学工业出版社，2019.3

ISBN 978-7-122-33741-2

Ⅰ . ①虫… Ⅱ . ①陆… Ⅲ . ①昆虫 – 普及读物 Ⅳ . ① Q96-49

中国版本图书馆 CIP 数据核字（2019）第 010095 号

责任编辑：张　曼　龚风光　　装帧设计：今亮后声 HOPESOUND pankouyuyu@163.com

责任校对：王鹏飞

出版发行：化学工业出版社（北京市东城区青年湖南街 13 号 邮政编码 100011）

印　　装：中煤（北京）印务有限公司

787mm × 1092mm 1/32　印张 $7^1/_2$　字数 200 千字　2019 年 7 月北京第 1 版第 1 次印刷

购书咨询：010-64518888　　售后服务：010-64518899

网　　址：http://www.cip.com.cn

凡购买本书，如有缺损质量问题，本社销售中心负责调换。

定　价：49.80 元

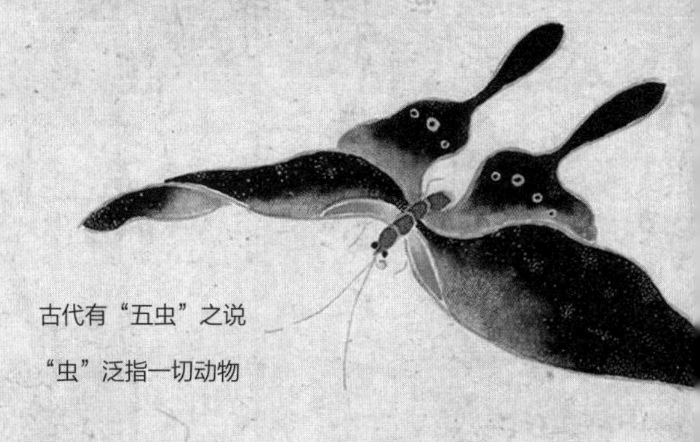

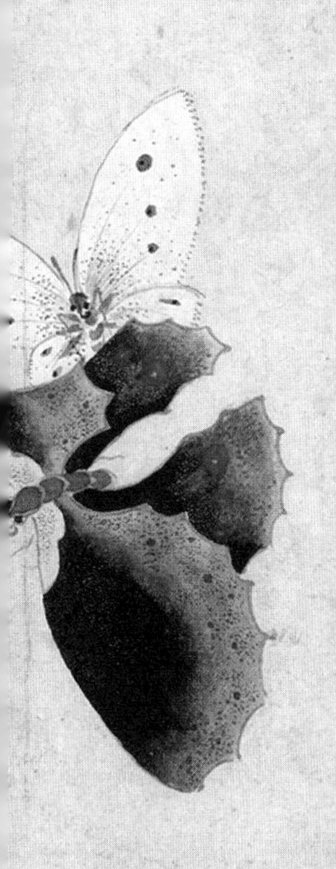

古代有“五虫”之说

“虫”泛指一切动物

禽　为　羽　虫

兽　为　毛　虫

龟　为　甲　虫

鱼　为　鳞　虫

人　为　倮　虫

今日天气正好

我们来聊聊小虫子

黄山谷云不可使天下之民有此色不可不使士大夫不知此味

甲申四月

非闇

序

我坐在春风里沐浴

——

陆春祥

浙江省作协副主席、鲁迅文学奖得主

陆生作发来《蔬菜有故事》《虫子有故事》两部书稿，嘱我在前面写点什么。我边读边想，脑子里长久浮现的一个词是：如坐春风。

我不知道，为什么这个词如此顽固地占据着我的头脑，读完书稿，想明白了，他这两部书稿，有知识，有故事，有传说，有童话，更有作者的亲历和体验，而所有这些元素，大多都能调动起我的情绪，我的思绪一直跟着他的文字在游走。

仿佛，此刻，晴朗的夜空，我们就坐在家门口，沐着三月的春风，面对宽阔的田野，听他娓娓讲述季节里的蔬菜，从马兰头、竹笋、蕨菜、香椿、南瓜、黄瓜、丝瓜，讲到茄子、番薯、冬瓜、大蒜、萝卜，这些蔬菜，都带着魂灵。刚刚耙过的稻田里，青蛙呱呱叫个不停，陆生作又从眼前的蛙，讲到蜻蜓、蝉、蜈蚣，讲到蜜蜂、蚯蚓、蚕，这些虫子，都伴着我们成长。从立春讲到立冬，陆生作把我们日常的蔬菜、身边的虫子，细腻而生动地讲了一遍，我有些着迷。

无论蔬菜，无论虫子，它们都是我们亲密的朋友，是至亲，任何时候，我们都离不开它们——我们永远的朋友。

陆生作蔬菜和虫子的故事，也打开了我尘封已久的少年记忆。

拣竹笋说一下。

我们白水村的山后面，以及后面的后面，山连着山，岭接着岭，到处都有竹林，大竹林，小竹林，一望无际。春天伴着第一响的雷声后，那些竹林就渐渐热闹起来。生产队里那些毛竹林，就会有黑黑的毛绒绒的笋尖钻出，只消几天时间，就出落得有模有样了。那些粗壮的“笋小伙”，绝对不能挖，生产队会派林管员，严加看守，因为要将它们培养成毛竹林。生产队里每年都要用大量的毛竹，农活中需要许多的竹篾制品，甚至还要拿毛竹卖钱，这也算是一宗比较大的收入了吧。但管理即便如此严格，也仍然会有人偷偷地挖几根，春毛笋炖咸肉的味道实在太诱人了。

拔野笋，是农村小孩的必修课。野笋长的地方太多了，田间地头，只要有几棵小竹子，就一定有笋可拔，随便几个地方转下来，就有一小袋了。但要想拔到更多的笋，就一定要去较远的深山，那些野笋和那些野茶一样，都需要付出一定的艰辛和努力才会拔到。现在，我的左手掌心里，还有一道隐约的小疤痕，那是放学后拔笋，不小心被竹尖深深刺中留下的。

野笋拔回，尚有大量工作要做。必须连夜剥开，否则容易老掉。剥笋这个活，其实还是有一定技术含量的。我们的方法是，用手抓住笋壳的苗尖，来回搓软，将笋壳左右两边分开，再将披开的笋壳用手指绕几圈，用力一扯，半边笋肉就完全露出，用同样的方法，左右两下，一支鲜笋就剥好。然而，剥笋会造成手指的损伤，时间一长，手指就痛得受不了，但笋必须剥完。剥完一部分后，马上就要煮，加上适量的盐，一锅锅煮，然后再一根根摊到竹篾上或团箕里，晒干就可收藏了。

味道鲜美的野笋干，几乎成了农村家家户户的必备。

野青笋干、油焖春笋之类，只是大自然春天的代表作品，其实，说竹笋，还必须言及冬笋。冬笋具有一种别样的美味，杜甫就有诗："远传冬笋味，更觉彩衣春。"他以通感的方法写出了冬笋的别致，同时也表明，咱们的前辈吃冬笋的历史很有些年头了。

冬笋藏在竹林里地底下，不像春笋，冒出头，直接挖下就是了。冬笋往往藏得很隐秘，寻找它不仅要靠力气，更要靠眼力。依据老爸的掘笋经验，挖冬笋，必须注意两点：一是要看毛竹长什么样，长冬笋的竹一定粗壮健康，勃勃生机；二是竹林里的泥土，一定要肥而厚，贫瘠之地，长毛竹都困难，别说冬笋了。

中国人向来讲食药同源，所以，笋也是一种良药。

《名医别录》云笋：主消渴，利水道，益气，可久食。

《本草纲目拾遗》又云笋：利九窍，通血脉，化痰涎，消食胀。

难怪，中国人说起笋，总是没完没了的。

再说虫子。

虫子就是动物，只不过是小型的。关于动物，我写过一本《笔记中的动物》，谈得比较多，我仍然持"我们和动物在同一现场"的观点，意思就是我们和动物，谁也离不开谁。

研究者认为，人类只是自然的一部分，人类和动物植物并没有太大的区别，老鼠和人类有 99% 相同的骨骼结构，人类跟黑猩猩有 98.5% 的基因是一样的，人类和西红柿也有 60% 的基因相同。而且，很多动物都有感情和情绪，它们也有严密的社会组织，如狼，如狗，如蚁，如猴。人类和动物的区别，大约只有文化和历史，会思考，会质疑，会直立行走，有不断进化的大脑。

只是，人类掌握着对动物们的生杀大权，人类会将各种动物弄死，并用它们的尸骨当药，来替自己疗伤。人类还在无休止地消费动物，一条蚕一辈子只活短暂的 28 天，一生吐的丝却有千米长。

明朝作家谢肇淛的《五杂俎》卷之十一，对动物的灵性如此总结：

虾蟆于端午日知人取之，必四远逃遁。麝知人欲得香，辄自抉其脐。蛤蚧为人所捕，辄自断其尾。蚺蛇胆曾经割取者，见人则坦腹呈创。

麝知道人要取麝香，在被追得走投无路时，会自己将麝香挖出丢给追赶者；那蚺蛇也一样，人类要割的是它的胆，被追得穷途末路时，会将肚子上的伤口露给人看，别害我了，我的胆已经被你们割走了。这样才会逃过一劫。

几百年前，尼采在大街上曾经抱着一匹马的头失声痛哭："我苦难的兄弟啊！"虽然被人送进疯人院，但尼采并没有疯，在他心里，也许，他认为"人类是我唯一非常恐惧的动物"（萧伯纳语），恐惧人，是因为人类的快乐常常是以牺牲另一个动物的生命为前提的。

蜜蜂有多重要？爱因斯坦曾预言：如果蜜蜂从世界上消失，人类也将仅仅剩下四年的光阴！是的，在人类利用的一千三百多种作物中，有一千余种需要蜜蜂授粉。

忽然想到了美国作家菲利普·斯蒂德的一个小童话《阿莫的生病日》：

有一天，动物管理员阿莫生病了，他平日里温柔照顾过的动物们，纷纷坐着公交车去看望他，这些动物有大象、犀牛、乌龟、企鹅、猫头鹰等。

情节简单，场面却万分温馨。我想，人和虫子蔬菜之间的关系，他已经说得很明白了。

我坐在春风里沐浴，春风不仅是我的，也是蔬菜和虫子们的。

是为序。

陆春祥

丁酉初夏

杭州壹庐

目录

虫 子 有 故 事

尔谁造，鸣何早，趯趯连声遍阶草。

01

蟋蟀

夏天的夜晚，坐在庭院里乘凉，手摇蒲扇，数天上的星星，耳畔波动着蟋蟀的鸣叫声。这时，童年的我就会和小伙伴一起，打亮手电筒，去草丛里捉蟋蟀。把捉到的蟋蟀装进透明玻璃瓶里，养起来——在玻璃瓶的塑料瓶盖上，用烧红的铁棒尖头烫出一个小孔，为蟋蟀提供氧气，又不能让它钻出来；还要拔一株带泥的青草种在瓶底，为蟋蟀提供粮食。渐渐地，把蟋蟀养熟了，小伙伴之间就可以斗蟋蟀了。多简单的游戏啊，却给童年的我带来了无穷的乐趣！

你认识蟋蟀吗？像我这样养过蟋蟀吗？

也可能，你还没有亲眼见过活蹦乱跳的蟋蟀吧？也没关系啦，我们来看看作家吴秋山先生在《蟋蟀》中的记载。

蟋蟀是一种直翅类的昆虫，也属于节肢动物。它的身体是长圆形的，长约五六分的光景。身体的颜色，大致可分为二种：一种是黑色的，还有一种是褐色的。它的头部很是发达，大约占全身十分之三强，生有一对浓褐色的触须，比较它的身体还要长些。在触须近处，有两只椭圆形的黑色复眼，用以观察物象。此外还有三只单眼，借以感觉明暗。下面便是嘴部，嘴角露出犀利的牙，以便食物及咬斗。前胸是长方形的，有斑纹。雄的前翅分左右一对，达到腹部的末节：左翅在下面，质软而透明，边缘有锯齿；右翅在上面，质硬而坚固，表面有波状脉。两翅相重叠，连接的地方，有刚强的声器，所以左右两翅互相摩擦，就会发出响亮的声音。当声音发出时，两翅是比平时较为提高的，及到两翅叠实，恢复原状的时候，那声音遂即停止。可见它的鸣声，实际上并不是从口里唱出，而是由翅膀发出来的。它的腹下，有肢三对，后肢较为强大，善于跳跃。在尾端还有尾毛一对。雌的生理上的构造，和雄的不同：她的翅较短，有直棱，而翅间没有刚强

的声器，所以虽是两翅摩擦，也不能够发出高声，只能发出唧唧的微吟而已。她的腹部比较大，末端也有尾毛一对，但比较雄的稍微短些。在尾毛的中间，具有产卵管，它们交尾之后，雌的卵子受精，身体就渐渐大了起来，后来她便在草丛间的泥土里产卵，迨至北风凛冽的时候，它们便先后受着严寒的侵凌而僵殒了。卵子在泥土里越过了寒冬，到翌年的春间，便在温暖的阳光里孵成小虫，于是逐渐长大起来，到了秋天，发育方告完全，就能变成能鸣善斗的蟋蟀了。

它们性怕日光。所以当太阳朗照的时候，它们都栖息在土穴里或石砾下，不敢出来。到了日落西山的夜晚，它们便擦翅高鸣，并且出来觅食了。它们的食物，是小昆虫和草木的幼根。对于植物的滋长是有妨碍的。但有时它们又常吃些有害禾稻的毒草和害虫，所以它们对于农业上可以说是利害参半。

吴先生用科学的语言向我们介绍了蟋蟀，借助文字的魔力在我们的脑海里画下了一只记忆深刻的蟋蟀。我们知道，中国的文化人善于“托物言志”和“寄情于景”。蟋蟀在中国传统文化中，是文化人笔下非同一般的“物”和“景”。

我们先来看看蟋蟀带来的“忧郁惆怅的心情”。

赋得寒蛩①

〔唐〕耿湋（wéi）

尔谁造②，鸣何早，趯趯③连声遍阶草。
复与夜雨和，游人听堪老。

注解

①寒蛩（qióng）：深秋的蟋蟀。

②造：造访，拜访。

③趯趯（tì）：跳跃的样子。

译文

你要去造访谁吗？不然为什么这么早就在那草丛中鸣叫，

欢快的声音跃动着传遍了四周，和着夜雨声，让远游的人在思念中发愁。

闻蛩

〔唐〕白居易

暗虫唧唧夜绵绵，况是秋阴欲雨天。
犹恐愁人暂得睡，声声移近卧床前。

译文

听到蟋蟀“唧唧”地叫，黑夜显得特别漫长，何况是在这阴暗又快下雨的秋天呢。它怕我这愁思的人哪怕得到一会儿睡眠，竟叫得一声比一声更接近我的卧床。

欣赏了耿湋的《赋得寒蛩》和白居易的《闻蛩》，我们感觉到了，他俩都借助蟋蟀的鸣叫声表达了忧郁惆怅的心情。

接下来，我们来看看《诗经》里的《蟋蟀》和文天祥的《夜坐》，看看他们借助蟋蟀表达了怎么样的思想与情感。

蟋蟀

蟋蟀在堂，岁聿其莫①。今我不乐，日月其除②。
无已大康③，职思其居④。好乐无荒⑤，良士瞿瞿⑥。

蟋蟀在堂，岁聿其逝[7]。今我不乐，日月其迈[7]。无已大康，职思其外。好乐无荒，良士蹶蹶[8]。

蟋蟀在堂，役车[9]其休。今我不乐，日月其慆[10]。无已大康，职思其忧。好乐无荒，良士休休[11]。

注解

①聿：作语气助词。莫：古代的“暮”字。

②除：过去。

③无：勿。已：甚。大（tài）康：过于享乐。

④职：相当于口语“得”。居：处，指所处职位。

⑤好乐：娱乐。无荒：不要过度。

⑥瞿瞿（jù）：警惕瞻顾的样子。

⑦逝、迈：义同，去。

⑧蹶蹶（jué）：勤奋的样子。

⑨役车：服役出差的车子。

⑩慆（tāo）：逝去。

⑪休休：安闲自得，乐而有节的样子。

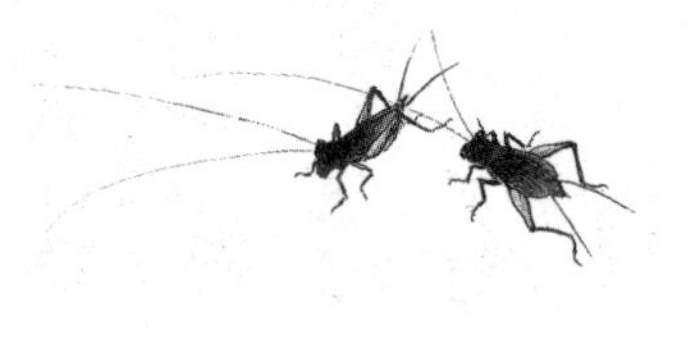

獨酌白石老

译文

当蟋蟀从野外迁到屋内居住，一年时光就快过去了。如果我不抓住时机好好行乐，那么时光逝去，就白白浪费了，但也不能过分地追求享乐，应当好好想想自己肩头承担的工作，对分外事情也不能漠不关心，尤其是不可只顾眼前，还要想到今后可能出现的忧患。喜欢玩乐当然可以，但不要荒废事业，要像贤士那样，时刻提醒自己，做到勤奋向上。（本篇三章意思相同。）

夜坐①

〔宋〕文天祥

淡烟枫叶路，细雨蓼花时。
宿雁半江画，寒蛩四壁诗。
少年成老大，吾道付逶迤②。
终有剑心在，闻鸡坐欲驰。

注解

① 夜坐：这首诗写在文天祥起兵勤王之前。

② 逶迤：本义是形容道路、山川、河流弯弯曲曲、连绵不绝，这里是遥遥无期的意思。

译文

淡烟笼罩着枫叶，细雨飘打着蓼花，成群的大雁寄宿在江边，凄切的蝉鸣回响在四壁。少年变成了老年人，而实现我所追求的理想还遥遥无期，但是少年时的雄心壮志还在，依然有“闻鸡起舞”的激情。

又欣赏了两首诗。

《蟋蟀》这首诗，诗人从蟋蟀由野外迁到屋内，天气渐渐寒凉，想到了季节变换，日子又到了年尾，表达了劝人勤劳不懈的意思。这就像蟋蟀的另外一个名字“促织”一样，古人认为蟋蟀鸣叫的时候，是在催促妇女们应该抓紧时间纺织，准备御寒的衣物。

《夜坐》这首诗，诗人借蟋蟀的鸣叫抒发了遭受打击的怨恨，但到了诗的尾联，诗人笔锋一转，扫去沉郁、悲凉，运用“祖逖闻鸡起舞”这一典故，很好地表达了立志报国、壮心不已的真实情感。

蟋蟀能令人忧郁，也能带给人快乐，因为蟋蟀是可以斗起来的。

不消说，蟋蟀的交斗是为着争锋，由于“同性相拒”：两雄相遇，势不并立，一经接触，往往连斗十几合，盆子底里跌扑跌扑地响个不了；有时已被敌方掷到盆子的外面，会得跳进

盆子去重新交战，非有一方屈服，不肯罢休。对敌失去了战斗力，胜利了，这才鼓动翼翅膀，啾啾地做凯旋之歌。有时已经张开翼翅膀来打算做得意之鸣了，因为对敌还在“重整旗鼓”会得马上收拢翼翅膀，再摆起阵势来的。小小的秋虫，实在怀着大大的雄心。

善斗的蟋蟀，不但勇敢也是足智多谋的。在交斗以前，照例先由主持人各自在一方用蟋蟀草撩动一回，然后使得实行接触，叫作牵。斗的方法，各不相同：有的善于咬伤对方的腰部，使得疼痛；有的善于咬断对敌的腿，使得行动不便。最厉害的，是把对敌的钳撕下一片，这就破坏了对敌的武器。还有善用阴险手段的，稍微斗一下，假作败退而逃。等到对敌从后面追上去，就尽力地弹一腿，使得滚到盆子的边上，碰撞得昏头昏脑，再回转身来拼命地咬去，借此获得胜利。可是聪明的蟋蟀，决不轻易追逐，不会上当：只是于这种时候，休息着等候，借以养神，结果是“以逸待劳”，得到最后的胜利。

（摘自东方《斗蟋蟀》）

当然，凡事都应该有个度，过犹不及，物极必反。南宋宰相贾似道，对蟋蟀深有研究，被人们称作“蟋蟀宰相”。他酷爱蟋蟀，如痴如醉，竟在宰相府里建了一座“半闲堂”，专供养斗蟋蟀。他还特地写了一本《促织经》，把蟋蟀的神态气韵，一抖须，一弹腿，描绘得有声有色。不过，他玩物丧志，因斗蟋蟀而误了国事，结果身败名裂，遭受世人唾骂。

在明代笑话集《续金陵琐记》里，也有一个关于蟋蟀的故事，叫《鸡食黑驴》。

一乡先生子，好斗促织。闻三牌楼有一促织，斗必擅场，遂往求之，其人云：“若能以所骑黑驴相易，方可不顾银也。”因爱之甚，乃曰：“古人尚以妾换马，何惜一驴乎！”相易归家。

方持盒而玩，忽跳于地被鸡食之，乃顿足大怒曰：“一匹黑驴被鸡食之，可恨，可恨！”闻者莫不大笑。

译文

一个乡里教书先生的儿子，喜欢斗蟋蟀。听说三牌楼有一只蟋蟀，每次比赛都能赢掉全场的蟋蟀，于是前去买它。蟋蟀的主人说：“如果你能把你所骑的黑驴跟我的蟋蟀交换，就不谈银子的事了。”先生的儿子因为太喜欢这只蟋蟀了，于是说：“古人尚且用小妾换马，我还吝惜一头驴吗？”于是将驴和蟋蟀交换回家了。

他正端着装蟋蟀的盒子把玩，突然蟋蟀跳到地上被鸡吃了，于是他捶胸顿足，大怒道：“一匹黑驴被鸡吃了，可恨哪可恨！”听说的人没有一个不大笑的。

读了这个故事，你是不是也笑了？

在轻松的笑声中，关于蟋蟀的故事，就分享这么多了。相信你对蟋蟀一定有了更多的了解。如果你还有其他有关蟋蟀的故事，不妨收集起来，那么，你在一年四季都能听到蟋蟀在字里行间鸣叫了。说真的，这是一件非常有意思的事。

庄 生 晓 梦 迷 蝴 蝶，

望帝春心托杜鹃。

02 蝴蝶

蝴蝶来了，偕来的是花的春天。

当我们在和暖宜人的阳光底下，走到一望无际的开放着金黄色的花的菜田间，或杂生着不可数的无名的野花的草地上时，大的小的蝴蝶们总在那里飞翔着。一刻飞向这朵花，一刻飞向那朵花，便是停下了，双翼也还在不息不住的扇动着。一群儿童嬉笑着追逐在它们之后，见它们停下了，悄悄的便蹑足走近，等到他们走近时，蝴蝶却又态度闲暇的舒翼飞开了。

（摘自郑振铎《蝴蝶的文学》）

说到蝴蝶，我总要想到词语“翩翩起舞”，又勾起俳句：“当我看见落花又回到枝上时——呵！它不过是一只蝴蝶！”把落花喻为蝴蝶，多好的修辞。

接着，我再想到小小的菜粉蝶，想起小时候自家菜园子里的景象：一颗颗小青虫在包心菜上蠕动，把菜叶啃得千疮百孔，把它自己养得肥肥、嫩嫩、青青、亮亮、胖胖。过段时间，小青虫就“作茧自缚”了，躲进一层壳里面，粘在菜叶上，一动不动。再过段时间，它们便破茧成蝶。几十只、上百只菜粉蝶，扇动着翅膀，在菜地里、花丛中、田野间恣意翻飞，太壮观了！只是，如今哪怕在乡间，也见不到这般景致了。

小时候，我总觉得这是一件十分神奇的事情，小青虫怎么会变成蝴蝶呢？这翅膀也是能长出来的？所以，我总是把粘在菜叶上的或青或灰的蝶蛹，小心翼翼地摘下来，放进火柴盒里，静静地等它们变成蝴蝶。可惜的是，从来都没有成功过。

当然，我对菜粉蝶的好奇也仅限于此了，它们个头小，色彩以白色为主，实在不好看。偶尔有色彩鲜艳的大蝴蝶从眼前飞过，便会想办法去捉它，捉到了，就夹在厚厚的书本里，

压成标本。但也很可惜，往往把它们压扁或压烂了。

等长大后，我才知道世界上已知的蝶类有两万种左右，也知道了蝴蝶的生活史——从卵到幼虫（毛毛虫），又到蛹，再到成虫，不由得感叹一声：“哦！原来是这样的啊！”

庄子的蝴蝶

蝴蝶，自古受文人墨客青眼相看，吟诗作词中常常提到蝴蝶。

蝴蝶最早见于文学作品，恐怕是先秦散文名著《庄子》：昔者庄周梦为蝴蝶，栩栩然蝴蝶也，自喻适志与？不知周也。俄然觉，则蘧蘧然周也。不知周之梦为蝴蝶与？蝴蝶之梦为

白石

周与？周与蝴蝶，则必有分矣。此之为物化。

文中说，庄周梦见自己变成了一只蝴蝶，可等他醒来，惊奇地看到自己还是庄周。因此，他犯糊涂了，不知是庄周做梦成蝴蝶，还是蝴蝶做梦成庄周。自此以后，两千多年里，“庄周梦蝶”就成了文人墨客借物言志的重要素材，“蝶梦”甚至成了梦幻的代称。翅膀扇动的蝴蝶，散出人生滋味来了。

锦瑟

〔唐〕李商隐

锦瑟无端五十弦，一弦一柱思华年。
庄生晓梦迷蝴蝶，望帝春心托杜鹃。
沧海月明珠有泪，蓝田日暖玉生烟。
此情可待成追忆？只是当时已惘然。

诗人借用了“庄周梦蝶”的典故——“庄生晓梦迷蝴蝶”喻物为合，“望帝春心托杜鹃”喻物为离，大抵说往事如烟。全诗充满了对亡友的追思，抒发了悲欢离合的情怀。

蝴蝶象征什么

蝴蝶在东方文学里，具有异常复杂的意义。它被东方人视为比较女性化的东西，所以不少女人的名字里有“蝶”字，比如，以前有个电影明星名叫胡蝶。

然而，又有“狂蜂浪蝶”的说法，蝴蝶翩翩又象征了轻薄无信的男子。

蝴蝶儿

〔唐〕张泌

蝴蝶儿，晚春时。
阿娇①初著淡黄衣，倚窗学画伊②。
还似花间见，双双对对飞。
无端③和泪拭胭脂，惹教④双翅垂。

注解

① 阿娇：汉武帝的陈皇后，名阿娇。在此泛指少女。

② 伊：指蝴蝶。

③ 无端：无缘无故。

④ 惹教：致使。

译文

晚春时节，蝴蝶翻飞。穿着淡黄色衣服的妙龄少女，正在窗前学画蝴蝶。开始时，画上的蝴蝶就像花丛中看到的一样，翩翩成双；忽然，少女无缘无故地哭了，致使画面上的蝴蝶双翼下垂。

全篇只摄取少女情绪的细微变化，就将少女怀春的心事和盘托出。这是“手拨五弦，目送飞鸿”之法，收到“不以言传而以意会”的效果。妙！

醉中天[①]·咏大蝴蝶

〔元〕王和卿

弹破庄周梦[②]，两翅驾东风，三百座名园一采一个空。谁道风流种[③]？唬杀寻芳的蜜蜂。轻轻飞动，把卖花人搧[④]过桥东。

注解

①醉中天：仙吕宫的一个曲调。句式是五五、七五、六四四，共七句七韵，首二句一般要对。元曲定式外可加若干衬字，本曲第三句起就加了些衬字。

②弹破庄周梦：弹，有的版本里用“挣”字。这里借庄周梦被弹破来形容蝴蝶的大和来历非凡。

③风流种：指才华出众、举止潇洒的人物。

④搧：摇动物体、振动空气生风，这里引申为吹。

译文

大蝴蝶挣破了庄周的梦境，来到现实中，硕大的双翅驾着浩荡的东风，把三百座名园里的花儿全采了一个空。谁知道它是天生的风流种？吓跑了采蜜的蜜蜂。翅膀轻轻扇动，把卖花的人都扇过桥东去了。

作者极尽夸张，写得滑稽，又不乏对肆意侮辱女子的富贵子弟的讽刺。据说，这首信手拈来的散曲讽刺的是大戏剧家关汉卿，讽刺他寻芳采花的风流生活。作者王和卿，是一位很有特点的散曲家。在当时，他的知名度可能和关汉卿不相上下。在这首散曲中，王和卿把关汉卿想象成了一只专横、贪婪的超级大蝴蝶，意象非常夸张、荒诞，形象生动地把关汉卿调笑戏谑了一番。

我少时住在永嘉，每见彩色斑斓的大凤蝶，双双的飞过墙头时，同伴的儿童们都指着他们而唱道："飞，飞！梁山伯，祝英台！"……

梁山伯是梁员外的独生子，他父亲早死了。十八岁时，别了母亲到杭州去读书，在路上遇见祝英台。祝英台是一个女子，假装为男子，也要到杭州去读书。二人结拜为兄弟，同到杭州一家书塾里攻学。同居了三年，山伯始终没有看出祝英台是女子。后来，英台告辞先生回家去了，临别时，悄悄的对师母说，她原是一个女子，并将她恋着山伯的情怀诉述出。山伯送英台走了一程；她屡以言挑探山伯，欲表明自己是女子，而山伯俱不悟。于是，她说道，她家中有一个妹妹，面貌与她一样，性情也与她一样，尚未定婚，叫他去求

亲。二人就此相别。英台到了家中，时时恋念着山伯，怪他为什么好久不来求婚。后来，有一个马翰林来替他的儿子文才向英台父母求婚，他们竟答应了他。英台得知这个消息，心中郁郁不乐。这时，山伯在杭州也时时恋念着英台，——是朋友的恋念。一天，师母见他忧郁不想读书的神情，知他是在想念着英台，便告诉他英台临别时所说的话，并述及英台之恋爱他。山伯大喜欲狂，立刻束装辞师，到英台住的地方来。不幸他来得太晚了，太晚了！英台已许与马家了！二人相见述及此事，俱十分的悲郁，山伯一回家便生了病，病中还一心恋念着英台。他母亲不得已，只得差人请英台来安慰他。英台来了，他的病觉得略好些。后来，英台回家了，他的病竟日益沉重而至于死。英台闻知他的死耗，心中悲抑如不欲生。然她的喜期也到了。她要求须先将喜轿抬至山伯墓上，然后至马家，他们只得允许了她这个要求。她到了坟上，哭得十分伤心，欲把头撞死在坟石上，亏得丫环把她扯住了。然山伯的魂灵终于被她感动了，坟盖突然的裂开了。英台一见，急忙钻入坟中。他们来扯时，坟石又已合缝，只见她的裙儿飘在外面而不见人。后来他们去掘坟。坟掘开了，不惟山伯的尸体不见，便连英台的尸体也没有了，只见两个大凤蝶由坟的破处飞到外面，飞上天去。他们知道二人是化蝶飞去了。

（摘自郑振铎《蝴蝶的文学》）

有蝴蝶的回文诗

回文诗是一种特别的诗歌体裁，以奇趣著称，有多种形式。“转尾连环”是回文诗的一种，由十六个字首尾连成环形，可以左右旋读，各得七绝一首。读法：第一句从“春”字读起，向左旋转，后三句都从前一句的第四个字读起。右旋读法和左旋读法类似，从左旋读法的最后一个字开始，到左旋读法第一个字为止。

十六字转尾连环回文：

春

〔清〕佚名

春晴喜鹊噪前津柳媚新花恋蝶去来频

左旋：

春晴喜鹊噪前津[1]，鹊噪前津柳媚[2]新。
津柳媚新花恋蝶，新花恋蝶去来频。

右旋：

频来去蝶恋花新，蝶恋花新媚柳津。
新媚柳津前噪鹊，津前噪鹊喜晴春。

注解

① 津：渡口。

② 柳媚：柳树婀娜多姿的妩媚样子。

蝴蝶图画诗

这只蝴蝶中，有十九个篆体字，从蝴蝶屁股上的“枝头”读起，组成一首五言诗：枝头栩栩然，月夕也如仙。永缔庄周梦，山花春日妍。（四句诗，共二十个字，第二个“栩”字用两点表示。）

春晴喜鹊噪到津柳媚新花恋蝶去来频

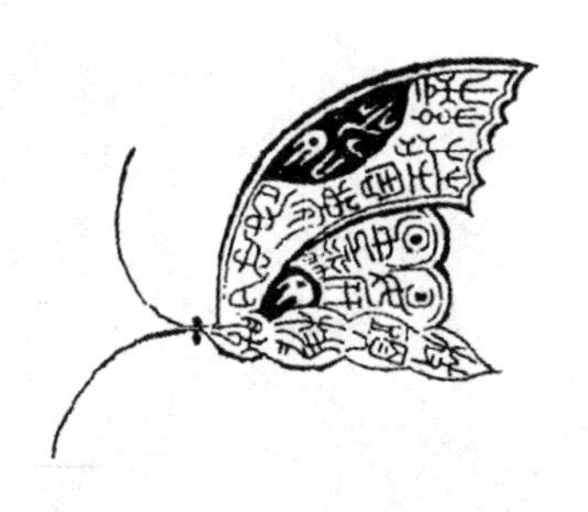

这是一首图画诗，最巧妙的是“然”这个字，其中的“月”字是第二句诗的开头，“火”字经过处理像极了蝴蝶的长须和眼睛。翅膀中的篆体字像蝴蝶翅膀的纹路。古人有此才华与情调，真是令我们感叹。

文学中，与蝴蝶相关的作品还有很多，以下为一些例子。

干宝《搜神记》载：“战国时宋康王囚禁门客韩凭，欲霸占其妻何氏。何氏不从，跳下城楼自尽，康王揽在手中的裙带也化作彩蝶飞去。”

李白《长干行》中有一句：“八月蝴蝶来，双飞西园草。”

杜甫在《曲江二首》中写道：“穿花蛱蝶深深见，点水蜻蜓款款飞。”

谢逸在《蝴蝶》中描述：“狂随柳絮有时见，舞入梨花何处寻。”

杨万里在《宿新市徐公店二首》中记录："儿童急走追黄蝶，飞入菜花无处寻。"

白族人至今仍流传着雯姑、霞郎不堪俞王逼迫，投泉化蝶的动人故事。

……

我们大部分人都成不了谢逸，写不出三百首蝴蝶诗，当不了"谢蝴蝶"，但我们可以欣赏——"我若能常有追捉蝴蝶的心肠呀"，多好！

意欲捕鸣蝉，

忽然闭口立。

03 蝉

蝉大别有三类。一种是“海溜”，最大，色黑，叫声洪亮。这是蝉里的“楚霸王”，生命力很强。我曾捉了一只，养在一个断了发条的旧座钟里，活了好多天。一种是“嘟溜”，体较小，绿色而有点银光，样子最好看，叫声也好听：“嘟溜——嘟溜——嘟溜”。一种叫“叽溜”，最小，暗赭色，也是因其叫声而得名。

蝉喜欢栖息在柳树上。古人常画“高柳鸣蝉”，是有道理的。

北京的孩子捉蝉用粘竿——竹竿头上涂了粘胶。我们小时候则用蜘蛛网。选一根结实的长芦苇，一头撅成三角形，用线缚住，看见有大蜘蛛网就一绞，三角里络满了蜘蛛网，很粘。瞅准了一只蝉：轻轻一捂，蝉的翅膀就被粘住了。

佝偻丈人承蜩，不知道用的是什么工具。

（摘自汪曾祺《夏天的昆虫》）

蝉，俗称知了。我从小就听说，蜘蛛网能捉知了，但从来没有试过。对蜘蛛网的黏性，我毫不怀疑，因为亲眼见过知了撞在蜘蛛网上，好不容易才脱身。只是怎么收集蜘蛛网呢？想想都很费事。

人总是偷懒的，特别是小孩子。小时候，我总是找一个长形的塑料袋，袋口边缘穿上铁丝，把铁丝捏成一个较小的圆形，塑料袋也就张着圆圆的嘴巴，挺像一个长柄的水瓢；再把铁丝——“水瓢的柄”绑在一根长长的竹竿上。这样就可以捉知了了。

像袁枚在《所见》写的那样：“意欲捕鸣蝉，忽然闭口立。”看到知了停在树上高声鸣叫，悄悄把竹竿轻轻地伸过去，猛地一罩，知了便在塑料袋里乱撞乱叫。然后快速地把竹竿一转，这样袋口就封住了，知了飞不走了。它撞得猛，叫得急，声音有点儿惨。

捉够了知了，找一个阴凉的地方，生火，烤知了吃。虽然没什么佐料，但美味得很。通常整个暑假，在捉知了这件事情上，我和小伙伴们会花上大把时间，人被太阳晒黑，甚至还被晒脱皮，但一点儿也不觉得吃亏。

汪曾祺先生在文中提到“佝偻丈人承蜩”，这是个老故事，与孔子有关。

佝偻承蜩①

仲尼适②楚，出③于林中，见佝偻者承蜩，犹掇之也④。仲尼曰：“子巧乎！有道⑤邪？”曰：“我有道也。五六月⑥，累丸⑦二而不坠，则失者⑧锱铢⑨；累三而不坠，则失者十一⑩；累五而不坠，犹掇之也。吾处身⑪也，若厥株枸⑫；吾执臂⑬也，若槁木之枝。虽天地之大，万物之多，而唯蜩翼之知⑭。吾不反不侧⑮，不以万物易蜩之翼⑯，何为而不得！”孔子顾⑰谓弟子曰：“用志不分，乃凝于神，其佝偻丈人之谓乎⑱！”

（摘自《庄子·达生》）

注解

①佝偻（gōu lóu）承蜩（tiáo）：佝偻，驼背，老年人弯腰驼背的样子。承，本义为用手从上接东西；这里指用竿粘蝉。

蜩，蝉。

② 适：到……去。

③ 出：与“入”相对，路过、经过。

④ 犹掇之也：（用长竿粘取蝉）如同从地上拾东西一样容易。掇，拾取，以拾物。

⑤ 道：门道，窍门。

⑥ 五六月：指练习粘蝉用的时间。

⑦ 累丸：在竿头上累叠面丸。这是练习手执竿不颤动的方法，因竿头颤动，蝉会惊飞。累，累叠、累积。丸，小圆球形的东西，这里指粘蝉用的面球。

⑧ 失者：没被粘住而飞掉的蝉。失，跑掉。

⑨ 锱铢（zī zhū）：古代重量单位，二十四铢为一两，六铢为一锱。“锱铢”比喻极少的量。

⑩ 十一：十分之一。

⑪ 处身：安置身体。

⑫ 若厥株枸：如同树桩一样。厥，通“橛”，木桩、树墩。株枸，斫残的树桩，露出地面的根部。

⑬ 执臂：举臂。

⑭ 唯蜩翼之知：宾语前置句式，即“唯知蜩翼”，意思是心目中只知有蝉的翅膀。

⑮ 不反不侧：指身、臂一动不动。

⑯ 不以万物易蜩之翼：意思是不因外界的万物转移对蝉翼的注意。以……易……，用……换取……。

⑰ 顾：回头。

⑱ 其佝偻丈人之谓乎：恐怕说的就是这位驼背老人吧。其，语气副词。丈人，古代对老人的尊称。

译文

孔子到楚国去，从一个树林中走过，看见一位驼背老人在用竿子从树上粘蝉，就好像从地上拾取一样容易。孔子说："您真巧哇！有什么门道吗？"驼背老人说："我是有门道的。经过五六个月的练习，能在竿头上累叠起两粒面丸而不掉下来，那么粘蝉时能飞走的就很少了；能在竿顶上累叠三颗面丸而不掉下来，那么能飞走的不过十分之一；能在竿顶累叠五颗面丸而不掉下来，那么粘蝉就会如同从地上拾取一样容易了。我立定身体，好像树桩一样稳定；我举起手臂，像枯树枝一样不动。虽然天地这么大，万物这么多，可我的心里只有蝉的翅膀。我的身体、手臂一动不动，又不因纷繁的万物而转移我对蝉翼的注意，怎么能不成功呢？"孔子回头对弟子们说："用心专一，就是高度凝聚精神，恐怕说的就是这位驼背老人吧！"

原来在两千多年以前，就有捉知了的高人了。孔子赞叹之余，还告诉他的学生们"用志不分，乃凝于神"，学习也应该有这样的一股精神吧！

作家林清玄曾写过一篇《知了》，篇幅不长，我喜欢朗读它。以下截取了这篇文章的一部分。

山上有一种蝉，叫声特别奇异，总是吱的一声向上拔高，沿着树木、云朵，拉高到难以形容的地步。然后，在长音的最后一节突然以低音“了”作结，戛然而止。倾听起来，活脱脱就是：

知——了！

知——了！

这是我第一次听到蝉如此清楚的叫着“知了”，终于让我知道“知了”这个词的形声与会意。从前，我一直以为蝉的幼虫名叫“蜘蟟（liáo）”，长大蝉蜕之后就叫作“知了”了。

“蜘蟟”这个叫法，我就是从林先生这篇文章中得知的。它让我想到“蜘蛛”，难道它们是兄弟？当然，这是我的胡思乱想啦，或者说是一种童话式的想象。比如，我会把蟑螂、蜣螂、螳螂、蚂螂联系在一块儿，我觉得它们可以唱一出《四“螂”探母》——我计划把它写成一篇有意思的童话来。

童话式的胡思乱想，我觉得挺好的，至少能打发时间，经常还有灵光乍现。比如，我抓住了一缕灵感，编出一个故事来，取名《知了的邀请》。

夏天，太阳与森林的距离越来越近。树叶儿蔫了，小溪流不唱歌了，小动物不敢出门了。

早晨，天蒙蒙亮。小动物们开大会：天太热了，我们该怎么办？

知了也来了，它趴在地上，裹着被子，半睡半醒，一脸不高兴，它想：天热开什么会，我住地下，凉着呢。不一会儿，它钻出被子，爬上树，使劲抱怨：“我热死了，热死了……”

猴子说：“我们请凉凉的风、凉凉的雨来森林做客吧。知了嗓门大，由它邀请。”

大家看着知了，知了看着小狗，小狗吐着舌头，喘着气。

知了心头一软，猛地一扇翅膀，飞上枝头，发出了第一声邀请。

我猜想，知了住在地下的时候，它们一定也胡思乱想过。“它们的幼虫长住地下达几年的时间，经过如此漫长的黑暗飞上枝头，却只有短短一两星期的生命。”如果不发发呆，几年在地

白石老人

下，日子不好熬吧？

林先生说，我们总喜欢听蝉，因为蝉声里充满了生命力、充满了飞上枝头之后对这个世界的咏叹。如果在夏日正盛，林中听万蝉齐鸣，会使我们心中荡漾，想要学蝉一样，站在山巅长啸。蝉的一生与我们不是非常接近吗？我们大部分人把半生的光阴用在学习，渴望利用这种学习来获得成功，那种漫长匍匐的追求正如知了一样；一旦我们被世人看为成功，自足地在枝头欢唱，秋天已经来了。

把“知了”分开，一个“知”，一个“了”，含义就深了。记得《红楼梦》中有一首《好了歌》，这“好了”也是“知了”吧。

读林先生的散文，感到了知了的叫声是成功后的喜悦，更是内心的坦然与明了。如果一个人在糊里糊涂的情况下，也喊“知了知了”会怎么样呢？

有一个书生，自以为脑瓜儿聪明，上课时先生在讲解，他一只耳朵进，一只耳朵出，甚至两只耳朵耷拉下来，嘴巴却骄傲地宣布“知了知了”。是骡还是马，拉出来遛遛。到了考试的时候，大家都在积极紧张地备考，他却还是老样子，不慌不忙地“知了知了”，结果考场一考，名落孙山。

在回家的路上，他后悔了，觉得无颜面对家人，无颜面对先生，就跟儿歌唱的那样：“只怕先生骂我懒呀，没有学问无脸见爹娘。”于是，他走进林子里，饿死在了林子里。他死后，变成了知了，成天叫着“知了知了”。

有人说，这个故事很有讽刺意味，书生后悔了，可他死后还是不谦虚，仍然叫着“知了知了”。我倒觉得，他叫着“知了知了”是一种后悔的表现，可时光一去不复返，来不及了呀！

从另一个角度说，也可以把这个故事看成关于“知了是怎么来的”的传说。

关于“知了”的来历，景颇族有一个传说。

有一户人家，在森林里点了一把火，烧出一块地。这样的地，有草木灰的滋养，特别肥，好种粮食。

到了农历七月，地里的谷穗低头了，其他庄稼也快要成熟了。在大自然中，最先知道果子成熟的，一定不是人，而是那些聪明的动物们。为了防止野兽和山雀来吃粮食，这户人家的儿子，得了父母的命令，来森林里守地。

怕儿子守地太无聊，父亲给他做了几把弹弓，一来可以增添守地的乐趣，二来可以打鸟、赶野兽。弹弓，男孩都喜爱啊，所以这个儿子就用泥土揉了好些子弹。同时，地里还插了许多“机关”，只要拉动绳子，就会发出声响，一般的野兽和山雀就会被吓跑。

父母让儿子安心守地，家里一有好吃的，就会拿去给

壬午春日白石老人时年八十二矣

他吃。

按理说，这儿子年纪也不小了，应该懂一些道理了，但是，他不好好守地，像极了《小猫钓鱼》里的小猫，一会儿到地边挖芋头，一会儿煮饭吃，一会儿下河捉鱼，一会儿到地里刨野老鼠，一会儿摘野果，一会儿又困了要睡觉……他忘了守地是父母交给他的重要任务，这关乎家里能不能有饭吃啊！

一个月很快就过去了，许多人家粮食大丰收了，谷子装满仓，果子装满筐。村民们分享着丰收的喜悦，各家各户都准备了酒水、干肉、干鱼等。这是村子里的习俗，谁家大丰收，就请大伙儿吃个饭。这年收成好，家家户户轮着请吃新米饭。在饭桌上，父母问儿子：“咱们家的谷子黄了没有？”他支支吾吾地回答：“没黄，还没黄……”

又隔了一个月，别家的谷子基本都收完了。儿子终于告诉父母：“咱们家的谷子全部黄了，今年要大丰收了。”父母听了非常高兴，立即请邻居们来帮忙，背着大大小小的背箩到地里去背谷子。

可到地里一看，哪有谷子哟，只有成片黄黄的谷秆，山雀都在里边扎窝了！它们翅膀一扇，谷壳满天飞。母亲很伤心，靠在地旁的大树干上号啕大哭，哭声震动天地，回荡在山谷间九天九夜。最后，母亲把背箩砍成几块，大块的做大翅膀，小块的做小翅膀，分别插在左右胳肢窝下，慢慢飞到了不远处的树桩上，扇扇翅膀，叫起了“知了知了”。不一会儿，她飞到地旁的大树上，变成了知了。

父亲看到这种情况，当然也是悲痛万分，他求妻子赶快下来——虽然今年谷子没了，但可以向邻居借粮食过日子，明年再好好种。可她并不理会他，飞过了一棵又一棵大树，穿过了一片又一片树林，越过了一座又一座高山，再也不回来了。最后，父亲也一病不起，离开了人世。一个家，就这么散了。

到了第二年春天，人们开垦土地时，发现每棵树上都爬满了知了，嘹亮整齐的鸣叫声回响在空中，陪伴着人们耕耘劳作。人们不仅把它听在耳朵里，更记在心里头。知了，知了。

故事中的母亲变成了知了，叫着“知了知了”，这声音听着一定很悲伤！我第一次读到这个故事的时候，除了悲伤之外，还深深佩服故事里的想象力——“把背篓砍成几块，大块的做大翅膀，小块的做小翅膀”。它让我思考一个问题：知了为什么会飞呢？哦，因为它有翅膀。如果把“知了会飞”跟“知了知了”的叫声结合起来，编一个童话故事，可以怎么编呢？来看看下面的故事吧。

秋天来了，树叶黄了，天气凉了，大雁要飞到南方过冬去了。

“带上我吧！”知了说。

大雁问：“你行吗？”

知了努力地扇动着翅膀，可是，它只能从这棵树的树梢飞到那棵树的树梢。它开始后悔了。几个月前，它看见一群大雁在天空中自由地飞翔，心里十分羡慕。“天高任鸟飞。如果我也能飞，那该多好啊！”它真诚地请求大雁教它学飞，大雁高兴地答应了。

刚开始那阵子，知了学习很认真，大雁教它飞翔的姿势，它反复练习，没过几天就能从这棵树的树梢飞到那棵树的树梢了。它特开心，很满足，而且还得到了大雁的夸奖。后来大雁再教它的时候，它就不好好学习了，一会儿东看看，一会儿西望望，一会儿爬来，一会儿飞去。风吹来时，大雁教它怎样掌握平衡，知了却不耐烦地说：“知了！知了！”大雁教它飞翔的技巧，并告诉它：“想飞得又高又快，重要的是勤学苦练，但最重要的是……”知了没听完就嚷嚷道：“知了！知了！在这树荫里多凉快，外面热死了，等天气变凉了，我再出去练习吧！”大雁看着它无可奈何地摇了摇头，飞走了。

现在，知了眼睁睁地看着大雁一只又一只地飞远了。它只有无可奈何地仰天长叹：“迟了！迟了！”

从“知了知了”到“迟了迟了”，故事抓住了知了鸣叫的特点，写出了知了的后悔与哀叹。也有人因为知了不停地鸣叫，把它想象成一位爱说话的小姐。爱说话还算不上是坏习惯，只是说多了，变啰嗦了，成话痨了，难免会让人听得厌烦。

我们来近距离见识一下这位知了小姐的才能。

这天，天气晴朗，她刚出门就碰上苍蝇先生。然后，她的话匣子就打开了："哎哟哟，这不是苍蝇大哥吗？好久不见，好久不见。啊，你的脸色看起来可真好呢，是不是最近闷声发大财了呀？或者，你近来特别注意保养？哎哟，刚才光注意你的脸色了，没看到你这身打扮，你这套衣服非常合身呢！在哪个裁缝店定做的呀？这几天，我也想给自己弄一套漂亮的裙子。哦，还有，你这是去哪儿呢？我们顺路吗？一起好不好……"

知了的话真是没完没了，苍蝇本来还想礼貌地搭个话，打个招呼，简单交谈几句。但现在，他完全没了说话的兴趣，好像牙齿有几十斤重，嘴皮子被胶水粘住了。他想假装没听到知了的话，可她那嗓门实在太尖了，估计塞上耳朵也没什么效果。

尽管苍蝇表现出了不耐烦，但知了好像一点儿都没有察觉。她手舞足蹈，她滔滔不绝，她甚至有些得意扬扬，她一会儿说前两天遇到的老牛先生的事，一会儿又说青蛙身上长了粉刺非常难看……

苍蝇实在听不下去了，就欺骗知了说："知了小姐，听说黄蜂老板最近遇上一桩难事，他要招一个能说会道的小姐给客户介绍他们公司的产品，但是，他找了好久都没有找到合适的。刚才，我听你说了这么多话，我感觉你非常适合这个职位，你的嘴上功夫非常了得，应该属于那种万里挑一的人才，跟你在一块儿，没一点儿冷场的尴尬，你应该可以从黄蜂老板那里拿到高薪的……”

知了听了非常高兴：“真的吗？很多朋友说我话多是个缺点，但我一直觉得会说话是我的才能。今天我可算遇上贵人了，谢谢你，苍蝇大哥。等我发了工资，可得好好请你吃大餐呀！”接着，她又说了上百句感谢的话，一句都没重样。

谢过苍蝇大哥后，知了就去找黄蜂老板。知了见了黄蜂，她开门见山，直抒来意，依然是那样滔滔不绝：“亲爱的黄蜂老板，听说你最近遇上一桩难事，你要招一个能说会道的小姐给客户介绍你们公司的产品，可你一直都没有找到合适的人选。这不，大家都说我的声音非常动听，有我在，保准把你的客户聊得心花怒放……”知了实在太会说话了，此处省略86134个字。

你想啊，黄蜂是个多么暴躁的家伙呀，他一点儿都没有明白知了在说什么，只觉得脑袋里边嗡嗡嗡地回响着什么。不过，他的脑袋还是清醒的，因为大肉都送到嘴边，不吃太可惜了。于是，他问道：“知了啊，你那么神通广大，现在说说，如果我要把一块现成的肉卖给客户，客户问‘怎么吃才香呢’，你会怎么回答客户？”

知了哈哈大笑起来，说：“那还不简单！生吃、爆炒、糖醋，都不错……”

还没等知了说完呢，她就没命了。按知了说的，黄蜂把知了分成三份，一份生吃，一份爆炒，一份糖醋……

唉，可怜的知了小姐啊！能说，是一种才能；不说，是一种智慧。很明显，她没有领悟到这一点。

说起知了，人们首先想到的就是它要蜕壳，它会飞，它爱鸣叫，还有它那超一流的“睡觉”功夫。

法国昆虫学家法布尔，称知了是“不知疲倦的歌手”，他把知了的一生归纳为“四年黑暗中的苦工，一个月阳光下的享乐”。我们通常见到的知了，大多数已经在泥土里待了两三年，而在北美洲有一种知了，它要在泥土里待十七年，是目前已知的生命期最长的昆虫。十七年一到，它就钻出泥土，脱去壳，飞上树，鸣叫、交配、产卵，然后死去。这是怎样的一生啊！

知了象征着复活与永生。我读过一篇短文《蝉》，里面有一句话记忆至今：“它（知了）本来的生活历程就是这样。它为了生命延续，必须好好活着。”这就是知了的意义啦！想起这句话，我总想到“珍爱生命”，每个生命都来之不易，都应该好好活过。此外，我还想到了孔子的“朝闻道，夕死可矣”。

当然，换一个角度去看知了，它也能够带给我们童趣、单纯与善良。我们来读一下日本童谣诗人金子美铃的诗歌。

知了的外衣

〔日〕金子美铃

妈妈，屋后的树荫底下，

有一件
知了的外衣。知了一定是热了
才把它脱掉的，
脱下来，忘了
就飞走啦。到了晚上
它一定很冷吧，
我们快把它
送到失物招领处去吧。

同样是看到知了脱下来的壳，我们的老祖宗发现了知了壳有药用价值——它在中药中的名字叫“蝉蜕”或“蝉衣”。

这“蝉衣”与金子美铃的诗有异曲同工之妙呢！并且，还可从中悟出大智慧，设下“三十六计”中的第二计——金蝉脱壳。一千多年前，诸葛亮就运用过它，效果怎么样呢？吓跑了魏国大将司马懿。

在《三国演义》中，这一段故事中的精彩片段是这么写的：

孔明写毕，又嘱杨仪曰：“吾死之后，不可发丧。可作一大龛，将吾尸坐于龛中；以米七粒，放吾口内；脚下用明灯一盏；军中安静如常，切勿举哀，则将星不坠。吾阴魂更自起镇之。司马懿见将星不坠，必然惊疑。吾军可令后寨先行，然后一营一营缓缓而退。若司马懿来追，汝可布成阵势，回旗返鼓。等他来到，却将我先时所雕木像，安于车上，推出军前，令大小将士，分列左右。懿见之必惊走矣。”杨仪一一领诺。

是夜，天愁地惨，月色无光，孔明奄然归天。姜维、杨仪遵孔明遗命，不敢举哀，依法成殓，安置龛中，令心腹将卒三百人守护；随传密令，使魏延断后，各处营寨一一退去。

却说司马懿夜观天文，见一大星，赤色，光芒有角，自东北方流于西南方，坠于蜀营内，三投再起，隐隐有声。懿惊喜曰：“孔明死矣！”

懿自引军当先，追到山脚下，望见蜀兵不远，乃奋力追赶。忽然山后一声炮响，喊声大震，只见蜀兵俱回旗返鼓，树影中飘出中军大旗，上书一行大字曰：汉丞相武乡侯诸葛亮。懿大惊失色。定睛看时，只见中军数十员上将，拥出一辆四轮车来；车上端坐孔明：纶巾羽扇，鹤氅皂绦。懿大惊曰：“孔明尚在！吾轻入重地，堕其计矣！”急勒回马便走。背后姜维大叫：“贼将休走！你中了我丞相之计也！”魏兵魂飞魄散，弃甲丢盔，抛戈撇戟，各逃性命，自相践踏，死者无数。

过了两日，乡民奔告曰：“蜀兵退入谷中之时，哀声震地，军中扬起白旗。孔明果然死了，止留姜维引一千兵断后。——前日车上之孔明，乃木人也。”懿叹曰：“吾能料其生，不能料其死也！”因此蜀中人谚曰：“死诸葛能走生仲达。”

与“金蝉脱壳”一样有名的还有一个成语，叫“螳螂捕蝉，黄雀在后”。

吴王欲伐荆

吴王欲伐荆[①]，告其左右曰：“敢有谏者死！”舍人有少孺子[②]欲谏不敢，则怀丸操弹，游于后园，露沾其衣，如是者三旦[③]。吴王曰：“子[④]来，何苦沾衣如此？”对曰：“园中有树，其上有蝉。蝉高居悲鸣饮露[⑤]，不知螳螂在其后也；螳螂委身曲附[⑥]，欲取蝉，而不知黄雀在其旁也；黄雀延颈，欲啄螳螂，而不知弹丸在其下也。此三者皆务欲得其前利[⑦]，而不顾其后之患也。”吴王曰：“善[⑧]哉！”乃罢[⑨]其兵。

（摘自刘向《说苑》）

注解

①吴王：指吴王阖闾。欲：想要。伐：征讨，讨伐。荆：指

楚国。

② 舍人：门客。少孺子：年轻人。

③ 三旦：三个早晨，三天。三，泛指多次。

④ 子：你。

⑤ 悲鸣饮露：一边放声地叫着，一边吸饮露水。古汉语中悲并不一定指“悲伤”。

⑥ 委身曲附：缩着身子紧贴树枝，弯起了前肢。附即“跗”，脚背，这里指代脚。委：曲折。曲：弯曲。

⑦ 务欲得其前利：力求想要得到眼前的利益。务：一定，必须。利：利益。

⑧ 善：好。

⑨ 罢：停止。

译文

吴王阖闾要攻打楚国，警告左右大臣说：“谁敢劝阻就处死谁！”门客中有一个年轻人想要劝阻吴王却不敢，便每天拿着弹弓、弹丸在后花园转来转去，露水湿透他的衣鞋，接连好几天早上都是这样。吴王觉得奇怪：“你过来，为什么要这样打湿衣服呢？”年轻人对吴王说：“园里有一棵树，树上有一只知了。知了停在高高的树上一边放声地鸣叫，一边吸饮着露水，却不知道有只螳螂在它的身后；螳螂弯曲着身体贴在树上，想扑上去猎取知了，却不知道有只黄雀在自己身旁；黄雀伸长脖子想要啄食螳螂，却不知道有个人举着弹弓在树下要射它。这

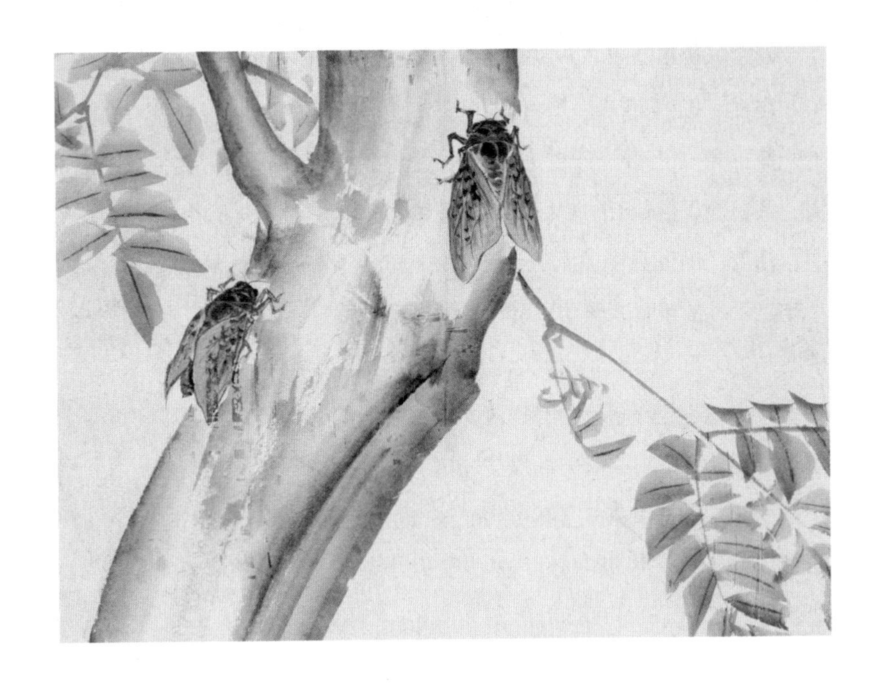

三个家伙，都极力想要得到它们眼前的利益，却没有考虑到它们身后有隐伏的祸患。”吴王听后，说：“好啊！”随后，吴王停止了攻打楚国的计划。

读了这个故事，我们很容易就可以指出古人的错误——知了不是喝露水为生的，它喝的是植物的汁液。我老是想到作家陈梦敏的绘本《蝉的日记》，里面知了用吸管吸汁水，好可爱。

知了无论是幼虫还是成虫都会伤害树木，加上它的声音污染，自然可以列入害虫榜，但这些并不妨碍知了在文学作品中的光辉形象。西晋陆云在《寒蝉赋并序》中称赞知了有“文、清、廉、俭、信”五种美德：头上戴着帽子，注重仪表，讲文明；活着的时候只喝露水，生活清贫艰苦，但精神高尚纯洁；不吃老百姓的粮食，廉洁不贪污；不搭巢穴，俭朴；每年夏天准时鸣叫，守时守信。唐代诗人虞世南（居高声自远，非是藉秋风）、骆宾王（无人信高洁，谁为表予心）、李商隐（烦君最相警，我亦举家清）都歌颂过知了。

不过，也有讽刺知了的作品。唐代诗人陆龟蒙、罗隐说知了卑鄙无能、趋炎附势。在法国寓言诗人拉封丹的笔下，知了是只顾玩耍享乐的反面形象。

知了和蚂蚁

〔法〕拉封丹

整个夏天，知了都在歌唱。
当北风终于来到，
她深深感到缺粮的恐慌。
她去邻居蚂蚁家叫苦，想借一点儿粮。
可蚂蚁不肯借，还问知了：
“天热的时候你在干吗？”
知了还是挺骄傲的，她说：

“你别见怪，夜以继日，
不论遇见谁，我都向他们歌唱。”
“啊，你一直在唱歌？
我太高兴了，好吧，那你现在就跳舞吧！”

诗人借蚂蚁说出一句“那你现在就跳舞吧”，恶狠狠地讽刺了知了。但说到底，知了只是知了，它在文学作品中不管以什么样的形象出现，都是人赋予给它的，是写给人看的、说给人听的，其本质写的是人，不是知了。

每到夏天，知了还是一样地鸣叫，不管人们喜欢还是不喜欢，鸣叫声总是像唐代诗人卢仝写的那样，“长风剪不断，还在树枝间”。如果你能安下心来，静静地听，或许也能感受到“蝉噪林愈静，鸟鸣山更幽”的味道。毕竟，蝉与禅，是相通的。

淮北蜂毒，尾能杀人。

04 蜜蜂

当油菜花开成金色的海洋，蜜蜂就像一条条鱼儿，穿梭其间，特别忙碌。

这时，如果你约上三五好友，徜徉在田间小路上，就会感到柔和的阳光、轻拂的微风、迷人的花香，连蜜蜂那嗡嗡声也会变得动听起来。说不定，“嗡”的一声，一只勤劳的蜜蜂就落在了你的肩头或发梢。别害怕，只要你轻轻摇晃身体，又是“嗡”的一声，它就飞走了。

有人曾预言：“如果世界上没有了蜜蜂，人类最多只能活四年。”你肯定会好奇地问为什么，这是因为蜜蜂采蜜的时候会帮花朵授粉，这样花朵就能结果，人类才能享用果实。人类很早就注意到了蜜蜂，从蜜蜂身上获取蜂蜜、蜂王浆、蜂毒和蜂蜡。在征服蜜蜂的过程中，人类自然想出了对付蜜蜂的方法。

淮北蜂毒，尾能杀人；……蜂窟[1]于土或木石，人踪迹[2]得其处，则夜持烈炬临之[3]，蜂空群[4]赴焰，尽殪[5]，然后连房刳取[6]。

（摘自南宋周密《江淮之蜂蟹》）

注解

①窟：筑巢。

②踪迹：跟踪寻找，动词。

③之：它，代“蜜蜂”。

④空群：倾巢而出。

⑤殪（yì）：死亡。

⑥连房刳（kū）取：连蜂房带蜂蛹一起挖取下。

译文

淮北的蜜蜂很毒，它的尾部能螫死人。……蜂窝一般筑在地上或树木、石头上，人们跟踪蜜蜂，寻找到它的住处后，就在夜晚拿着燃烧的火把靠近它，蜜蜂倾巢而出扑向火焰，全部被烧死，然后人们把蜂巢整个地割下来。

尽管人类早就熟悉蜜蜂，可蜜蜂的飞行之谜一直困扰着人类："用传统的飞行原理去推测，蜜蜂的翅膀太小，身体太胖，根本不可能飞上天，可蜜蜂就是飞起来了！"这到底是怎么回事呢？读下面这个故事，试着找找答案。

很多很多年以前，蚯蚓和蜜蜂是好朋友。

那时候，蚯蚓不像现在这样怕太阳，白天也不躲在土洞里面。他还会唱歌，不像现在这样，从早到晚都不吭气。他的身子长得又胖又粗，有一颗大脑袋，还有好几条短短的腿。蜜蜂也不像现在这样。那时候他不会酿蜜，不会造蜂房，也不会飞，因为他还没有翅膀。他的身子比蚯蚓短小一些，有六条腿，也是短短的，可是没有现在这样精巧、灵活。

在蚯蚓还长着腿、蜜蜂还没有翅膀的时候，大地上可以吃的好东西多极了，大伙只要动一动嘴就可以吃得饱饱的。可大伙只管吃，不管种，大地上能吃的东西就慢慢地减少，以后就越来越不容易找到了。

好日子过完了，苦日子就来了。蚯蚓和蜜蜂有时候找不到东西吃，就得挨饿。在饿肚子的时候，蜜蜂很着急，蚯蚓却满不在乎，还是哼哼地唱歌儿。有一次，蜜蜂忍不住对他说：“别老那么唱了，朋友，咱们来想想办法，自己动手，做一点儿东西吃，好不好？”蚯蚓唱得正起劲，不耐烦地回答：“你怎么做呀？能吃的东西从来都是现成的，是它们自己长好的。你还能做吃的东西，真是聪明！”蜜蜂被蚯蚓一嘲笑，就不作声了。这是他们第一次产生不同的意见。

有一天，蚯蚓和蜜蜂在一块大石头底下躲雨。雨哗啦哗啦下得很大，地上的水慢慢涨起来，把他们的腿都浸湿了。大雨还夹着一阵阵寒风，蜜蜂冷得直发抖，就对蚯蚓说：“哎呀，要是咱们能想个办法，住在一棵大树的洞里，那就好了。”蚯蚓正在打瞌睡，摇摇脑袋，咕哝道：“别胡说了，你老爱胡思乱想！”可是蜜蜂越想越高兴，又说：“咱们要是自己动手造一个能住的东西，那就更好了。”听蜜蜂这样说，蚯蚓就生起气来：“你怎么这么蠢呀！咱们从来就是睡在草叶下面、石头底下。再说，你又有多大能耐，还想造什么能住的东西？别胡扯了，让我安安静静地睡一觉吧！”蜜蜂也有些生气了，就不跟蚯蚓说话了。

天晴了，蜜蜂试着用一团泥做房子。他把所有的腿都用上，和泥，把泥压成许多小泥片。可是忙了半天，小泥片散开了，他又重新和泥做小泥片。最后，好不容易把许多小泥片做成了一个大泥片。他想把大泥片卷成圆筒，但试了一次又一次，老是卷不好。他累得满头大汗，对蚯蚓说：“好朋友，快来帮帮忙吧！”蚯蚓看了一眼，哼了一声，动也不动。后来，泥片被太阳晒干了，再也没办法卷成圆筒了；蜜蜂也累坏了，只好停下来休息。这时，蚯蚓嘲笑地说：“别费力气了，朋友！我不是早就说过吗，别胡思乱想了。”蜜蜂没作声。

又过了几天，蜜蜂和蚯蚓一块儿出去找吃的东西。在路上，他们碰见了一棵开满了小白花的山丁子树。山丁子树招呼他们：“好朋友们，来帮个忙吧！我开花却很少结果，只要你们帮我把花粉搬动搬动，我就能结很多果子啦。我一定要好好地谢你们呢！”蚯蚓瞪了山丁子树一眼，粗声粗气地说：“我管你结不结果，我才没有那么多闲工夫哩！”蜜蜂走过去，对山丁子树说：“我来试一下，行吗？”山丁子树很高兴地说：“谢谢你，你来试试吧。”这时，蚯蚓对蜜蜂说：“你真爱管闲事！你不怕麻烦就去试吧，我可走了。”说完，他头也不回地走了，一边走一边还很骄傲地哼着歌。

蜜蜂很吃力地往山丁子树上爬。他的腿又短又笨，爬了好半天才爬上树，可当他爬到一朵花旁边想采花粉的时候，因为身子太笨，一不小心就从树上掉下来了。幸亏地上的草很厚，才没有摔伤。他慢慢地站起来，喘了一口气，又往树上爬。在蜜蜂拼命爬树的时候，蚯蚓已经在另外一个地方找到了一大片浆果。他吃着甜甜的浆果，想起了蜜蜂，得意地笑起来了：“这下可好了，我可以躺下来吃个饱，再也不用动了。蜜蜂这个大傻瓜，现在不知怎么样了，估计他不是摔伤了，就是饿坏了。”

蚯蚓吃饱了，就躺在浆果旁边呼呼地睡着了。这时候，蜜蜂还在爬山丁子树哩。说起来也真是奇怪：蜜蜂一次又一次地爬树，每用力朝上爬一步，背上的绒毛就颤动一下，蜜蜂不停地用力朝上爬，背上的绒毛就不停地颤动，慢慢地，背上有几根绒毛长大了，变成四个小片片了。这四个小片片一长出来，就很自然地随着蜜蜂的动作扑扇起来。有了这四个小片片，蜜蜂的身子轻盈起来了，平平稳稳地爬到了山丁子树上。

你看，蜜蜂在试着做房子，帮山丁子树搬花粉，背上的绒毛变成了四个小片片——这就是原始翅膀啦。

我们不难猜测，蜜蜂的变化会越来越大，他会变得灵巧，会酿出蜜来。生活实践告诉我们，坚持把一件事认真地重复一千遍，一定会做出不一样的感觉来。量变会引起质变，关键是在量变的过程中有一颗匠心。

故事中，蚯蚓呢，还待在那个地方，睡醒了就吃，吃饱了就睡，连歌都懒得唱了。后来，蚯蚓也变了样了，腿更加短小了，嗓子也哑了，脑袋也变小了……蜜蜂都认不出这就是老朋友蚯蚓了，蚯蚓也认不出蜜蜂了，蜜蜂变得更聪明、更有本领，连模样也变得美丽了。晶亮的大眼睛、细细的触须、薄纱般的翅膀，就跟我们现在看见的蜜蜂一样了。

这个故事出自作家严文井的《南南和胡子伯伯》。故事的最后，蚯蚓也认识到了自己的错误，变得勤快起来。但这不是我要讲述的重点，我想说，这个故事给了我们“蜜蜂为什么会飞”的答案！至此，或许你突然生气了，甚至来一句反问：“这能叫答案吗？”请放轻松一点儿，童话的解释也是一种解释，是一种非常有想象力的解释，且蕴含着对我们成长有益的道理。如果非要听听科学的解释，一句话就行！科学家会这样说：“蜜蜂通过翅膀小于90度角的划动和每秒200至400次的高频率振动，使身体浮在空中。”

讲蜜蜂的故事可不能少了狗熊，它们可是一对老冤家。狗熊爱吃蜂蜜，蜜蜂会怎么对付它呢？

一群蜜蜂嗡嗡嗡，追着一头灰头土脸的狗熊，这是怎么回事呢？

蜜蜂从早忙到晚，辛辛苦苦干一年，攒下了不少蜂蜜。这天，不知从哪儿跑来一头狗熊，对蜜蜂说：“蜜蜂，鹞鹰和狐狸要来害你们。这一带，我力气最大，让我保护你们吧！”

蜜蜂知道鹞鹰的凶狠、狐狸的狡猾，看着眼前憨憨的狗熊，就信以为真了。它们拿出最好的蜂蜜款待狗熊；出去采蜜时，请狗熊给它们看家。有个词叫监守自盗，狗熊趁看家的机会，把蜜蜂攒下的蜂蜜全吃光了。

蜜蜂采蜜回来，发现蜂蜜全被狗熊吃光了，气愤极了：“你这可恶的狗熊，嘴上说得很好，却装了一肚子坏水！”说着，蜜蜂们一拥而上，把狗熊的嘴、脸、鼻子都蜇肿了。

狗熊抱头蹿去，蜜蜂一路追。唉，生活中不是每天都有

好运气啊。

蜜蜂蜇人之后，它的刺就扎在了人的皮肤上，不久，它就会死去。有人会说，把狗熊的嘴、脸、鼻子都蜇肿了，肯定牺牲了不少蜜蜂，这样做不值得。其实，在很久很久以前，据说蜜蜂蜇人是不会掉刺的。不相信吗？我们一起看下一个故事。

蜜蜂见了魔鬼，瑟瑟发抖。

魔鬼倒客气，问蜜蜂："你是从哪里来的呀？"

魔鬼一向喜怒无常，只不过这一天心情不错。不过，蜜蜂却把魔鬼的“客气”当作自己的福气，一下子就放松了：“我从人间来！”

“那么，你会哪些法术呀？”

“我只会两种法术，蜇和吸。”

“好！那么你现在就飞回人间去。我不知道那里的动物的肉是什么滋味，你要挑些滋味最美的肉给我献来！”

一听魔鬼这么说，蜜蜂觉得自己已经是魔鬼的亲信了，浑身上下特别有劲。蜜蜂心想：魔鬼爱吃肉，我一定要挑人间最美味的肉献给他。到那时，我不就能仗着魔鬼的威名行事了吗？

蜜蜂回到人间，蜇了上万种动物，比来比去，它觉得滋味最美的莫过于人。它一刻都不休息，就想快点儿把这个情况告诉魔鬼。它正往前飞呢，遇见燕子了。

燕子问蜜蜂：“嘿，蜜蜂，你忙什么呢？”

蜜蜂便把魔鬼的吩咐和它回到人间办事的经过，向燕子说了一遍。它说话的口气是得意的。

燕子又问蜜蜂：“那么，你觉得什么肉的滋味最美呢？”

“当然是人肉的味道最美了！”蜜蜂肯定地说。接着，它又把要去向魔鬼报告的事向燕子说了。燕子一听蜜蜂要害人，非常气愤。可它又发起愁来：怎样才能挽救人的这种厄运呢？一时半会儿也想不出办法来，于是燕子决定先来个缓兵之计。

燕子说：“蜜蜂，你这么辛苦，肯定飞累了，我也飞累了，咱们到前边那棵树上歇一会儿吧。”

它们在一根树枝上停了下来。蜜蜂一歇下来，就打了个哈欠。燕子瞧见了它的舌头，顿时有了主意：“你嘴里好像粘着什么了，你张开嘴巴，我帮你看看。”

蜜蜂一张嘴，燕子就把它的舌尖啄了下来。蜜蜂“嗡嗡”地叫着，变成了不会说话的哑巴。它飞到魔鬼那里，“嗡嗡”了一万遍，魔鬼也没听出它说的是什么。一怒之下，魔鬼便把它赶跑了。

从此，燕子守在家家户户的房梁上，一看蜜蜂飞来，就以为它们又来尝人肉滋味了，于是便扑上去，把它们的舌尖一个个地啄下来。

蜜蜂就是这样变成哑巴的。

故事中，蜜蜂蜇了上万种动物，还蜇了人。如果蜜蜂的刺一蜇就掉，怎么可能蜇上万个动物呢？

这时，有人还会问：“那么，蜜蜂的刺为什么会掉呢？”因为它被马蜂骗了。

从前，蜜蜂和马蜂是一对朋友。马蜂不会酿蜜，也不会做窝，每天在山野里东逛西游，肚子饿时就采些野花吃，过着流浪的生活。蜜蜂勤劳，心眼好，它看到许多马蜂在寒冬腊月被冻死饿死时，就把没有冻死饿死的朋友们，接到自己家里来过冬。马蜂对蜜蜂千恩万谢，像寒号鸟一样：“哦哦哦，明

年就垒窝。”

春暖花开，马蜂又飞到山野里东游西逛去了。等到冬天来临，它们又一个个可怜兮兮地蜷在蜜蜂家门口，求蜜蜂收留它们。就这样，马蜂不知在蜜蜂家度过了多少个舒舒服服的冬天。

有一年，蜜蜂对马蜂说：“兄弟，你们在春天也得采些蜜储存起来，自己想办法过冬，我们的孩子实在太多，储存的蜜不够吃呀。”马蜂一听，忙点头答应，但是它们又说：“我们生来就不会采蜜，也不会做窝，就算采了蜜回来，也没地方搁呀！”

“生来不会，可以学，学了不就会了吗？”蜜蜂的话让马蜂闭了嘴。蜜蜂还答应过了冬天就教它们。

冬去春来，蜜蜂教马蜂采蜜、做窝。可是，马蜂玩心大，照旧成天玩乐，等到枫叶快要落完了，才慌里慌张地找些牛屎、枯枝烂草，胡乱地做了个窝，而且把本应朝上的窝口也弄倒过来。蜜蜂见马蜂把窝造得这样粗糙，窝口还朝下，真是又好气又好笑，问道：“兄弟呀，你们把窝口朝下，哪天下了蛋，岂不要滚出来，你们采的蜜又往哪里搁呢？”谁知马蜂死要面子，硬说是窝口朝下，下雨才淋不到里面。蜜蜂听了，叹口气道：“冬天快来了，再重做也来不及了。你们仍在我家过一冬，等春天一来，再想办法把窝翻修补好吧。”就这样，马蜂又在蜜蜂家过了一个安逸的冬天。

第二年开春，蜜蜂请马蜂吃最后一次蜜，算是为朋友饯行。席间，蜜蜂恳切地对马蜂说：“兄弟呀，你知道经常有人来偷我们的蜜，我知道你锥人很痛，你能不能教教我锥人的本领？哪天我也好防防身呀！”

这时候，马蜂耍花招了。它想：“既然你以后不给我们蜜吃，我就叫你没有好下场！”它假装很诚恳、乐意，说：“我最狠的办法是，锥人时，丢掉和锥子相接的那一节屁股，这样力量就完全释放出来，使人挨锥的地方疼痛、化脓。”

蜜蜂没有想到多年的朋友会存坏心害自己，以为马蜂讲的都是真心话，便相信了。后来，蜜蜂每当自卫时，真的用马蜂传授的锥人方法，结果，丢掉自己的屁股，不久，也就死掉了。蜜蜂的子孙后代知道先祖上了马蜂的大当，一气之下就与马蜂的后代断绝来往。这样，朋友就成了仇敌。

蜜蜂把马蜂当朋友，可马蜂竟然害了蜜蜂。难怪它们成了仇敌！如果你认识养蜂人，他会告诉你：一旦马蜂出现在蜂箱附近，就要把它赶走，不然它会跟蜜蜂展开生死大战。

故事听完了，较真的人又有了疑问：“蜜蜂的舌尖不是被燕子啄掉了吗？那它怎么跟马蜂说话呢？”其实，这些民间故事都是人们想象出来的。蜜蜂本来就不会说话，它的刺一蜇就会掉——蜜蜂的刺表面长有锯齿状的倒刺，与体内的毒腺相连，毒腺又连着内脏。当蜜蜂受到威胁时，会将毒刺刺入敌人体内，并将毒液注射进去。倒刺让敌人很难把毒刺拔出来，从而加深对敌人的伤害。当然，蜜蜂自己也很难把刺拔出来，所以当它蜇了敌人飞走时，会将毒腺和内脏从体内拉出来——但人有智慧，能够把自己的生活经验融进故事里，表达情感，阐述道理。

张用良不杀蜂

太仓张用良，幼时揭蜂窝，尝为蜂螫[①]，故恶[②]之。后见蜂则百计千方扑杀之。一日薄暮[③]，见一飞虫，投于蛛网，竭力而不得去。蛛遽[④]束缚之，甚急。忽一蜂来螫蛛，蛛避。蜂数[⑤]含水湿虫，久之得脱[⑥]去。张用良因感[⑦]蜂义[⑧]，自是[⑨]不复杀蜂。

注解

① 螫（shì）：刺。

② 恶（wù）：憎恨。

③ 薄暮：傍晚。薄：迫近。

④ 遽（jù）：立刻。

⑤ 数：多次。

⑥ 脱：摆脱。

⑦ 因感：于是被……感动。

⑧ 义：义气。

⑨ 自是：从此。是：这。

译文

太仓人张用良，小时候捅蜂窝，曾经被蜜蜂刺伤，因此十分憎恨蜜蜂。后来，他看到蜜蜂就千方百计地抓住它，然后杀死它。一天傍晚时，他看见一只飞虫被蜘蛛网粘住，用尽全力却不能够离开。蜘蛛立刻把它绑住，情况十分紧急。忽然，一只蜜蜂飞来刺蜘蛛，蜘蛛避开了。蜜蜂又多次含水湿润飞虫，很长时间之后，飞虫才得以摆脱蛛丝的束缚，然后离开。张用良被蜜蜂的义气感动了，从这以后，他再也不杀蜜蜂了。

如果你是蜜蜂，你会这样帮助受困的飞虫吗？有人会说："当然愿意了，助人为乐嘛！"还有人会说："我希望自己有一件神奇的衣服，穿上它就能像蜜蜂一样飞来飞去。这样一来，我就到处帮助别人，做一个'蜜蜂侠'，比蜘蛛侠还厉害！"可是，哪有这么神奇的衣服呢？

传说，宋代有一位大官，名叫胡大昌，他得过一件"蜜蜂衣"。

宋末元初，北方强虏频频入侵，皇帝却吃喝玩乐，不理朝政。胡大昌每天忙着处理朝中的各种事务，无暇把家人接到京都。每到夜深人静的时候，胡大昌就默默思念家人，无法入睡。这感动了一位神仙，神仙托梦给胡大昌，送他一件“蜜蜂衣”。神仙说：“只要穿上‘蜜蜂衣’，你就可以来去如飞，但是，千万要记住，‘蜜蜂衣’不能见到阳光……”

胡大昌醒来一看，床头果然放着一身黑衣服。他迫不及待地穿上，双手轻轻一挥，就飞了起来。自从有了“蜜蜂衣”，胡大昌常常在深夜悄悄飞回家中，与妻子团聚，然后赶在天亮之前回到京都。因为胡大昌每次都是深夜到家，天没亮就走，他不忍心吵醒老母亲，所以老母亲一直被蒙在鼓里。

冬去春来，老母亲发现一向老实本分的媳妇，突然变得爱打扮了。于是，她多长了一个心眼——每天晚上，等大家都睡下后，老母亲总要竖起耳朵仔细听听屋里的动静。这天深夜，老母亲听到一阵“呼呼”风响，便赶紧起床，透过窗棂偷看。只见一个黑衣人从天井飞落，他脱下外套，轻轻放在桌上，然后闪进了媳妇的房间。老母亲想了想，蹑手蹑脚地出了房门，把黑衣人的外套抱到自己房里——有物证在手，明天看媳妇如何解释！

第二天，天还没亮，胡家就热闹开了。胡大昌要回京都，可放在桌上的“蜜蜂衣”不见了。他非常着急，四处翻找。老母亲被吵醒了，她出了房门一看，那不正是自己朝思暮想的儿子吗？听儿子说了事情的原委，老母亲知道自己错怪了媳妇，便赶紧回房拿出了“蜜蜂衣”。可是，天已经大亮，“蜜蜂衣”失去了飞行的功能。胡大昌只得在家待了一天。

说来凑巧，那天正是皇帝召集群臣商议抗敌大计的日子。

皇帝发现胡大昌没有上朝，大怒。奸臣趁机煽风点火，说胡大昌有反叛之心。皇帝听信谗言，等胡大昌回到京都，便以莫须有的罪名把胡大昌关进了大牢。多疑的皇帝禁不住奸臣的挑拨，竟不容胡大昌辩说，就把他推出午门斩首了。可怜老母亲还沉浸在母子相见的兴奋里……

蜜蜂的故事就讲到这里。人们历来喜欢赞赏蜜蜂。它是舞姿优美的精灵，是技艺高超的建筑大师，是勇敢的战士，是不知疲倦的劳动者！

或云其尾如丁也，

或云其尾好亭而挺，

故曰蜻，

曰蜓。

05

蜻蜓

蜻蜓是益虫。

它们小时候名叫水蚕，生活在水中，用直肠鳃呼吸，捕食孑孓（蚊子的幼虫）或其他小型水生动物，有时候也会同类相食——大概肚子实在饿极了。

一般说来，它们要经过十多次蜕皮，这得花掉两年或两年以上的时间，然后沿着水草的茎叶爬出水面，再经过最后的蜕皮，羽化为成虫，也就是我们看到的飞来飞去的蜻蜓。这时的它们可厉害了，除了能大量捕食蚊子、苍蝇以外，还能捕食蝴蝶、飞蛾等害虫。

在古希腊，人们为水蚕取了一个非常美丽的名字——会游泳的小仙子。

传说，水蚕的生活并不是无忧无虑的，而是和我们人类一样，会遇上麻烦，会感到忧愁。于是，它们就一起祈求神灵，请神灵告诉它们怎样才能过上更加快乐、自由的生活。神灵听到了它们的祈求，对它们说：“只要你们不做坏事，不伤害别人，不撒谎……我就帮你们实现愿望。”神灵说了很多很多要求，有些水蚕觉得这些要求太高了，根本不可能做到，而另外一些水蚤就按照神灵的话去做，但是它们遭到了其他水蚤的嘲笑。

尽管遭到了嘲笑，它们仍然相信神灵的话。日子就这么一天一天地过去了，它们也一天一天地长大了。突然有一天，有一股神奇的力量召唤它们钻出了水面，把它们变成了蜻蜓。它们到处飞舞，才知道世界是如此之大，大自然是如此之美，原来生活过的地方，不过是一个小小的水塘。蜻蜓想到了其他水蚤，想要帮助它们，想要告诉它们：一定要按照神灵的话去做啊！可是，蜻蜓再也变不回水蚤了，也回不到水里去了，而且它们和水蚤在语言上也有了障碍，没法交流了。怎么办呢？得想个办法啊，蜻蜓就不断地点水，希望水蚤能够理解它

们的意思。

一定有水虿明白了蜻蜓的意思吧？不然，它们怎么会一波又一波地钻出水面呢？虽然水虿没有蜻蜓漂亮，但它们是会游泳的小仙子，只要按照神灵的话去做，就会像毛毛虫变成蝴蝶一样蜕变，变成蜻蜓。如果我是水虿，也一定会带着梦想，听神灵的话，做一只善良的水虿，努力变成蜻蜓，飞到更广阔的世界去——或是“小荷才露尖尖角，早有蜻蜓立上头”，或是“穿花蛱蝶深深见，点水蜻蜓款款飞”，或是“行到中庭数花朵，蜻蜓飞上玉搔头”，多好啊！如果你是水虿，你又会怎么做呢？

蜻蜓，没有羽毛，只有薄薄的透明的翅膀，却足以与血肉之躯的小鸟平分天下。甚至，蜻蜓的飞翔功能远远胜过鸟类。蜻蜓的体形与人类发明的飞机十分相似。

蜻蜓是一个很大的家族，亲近我们人类。它们自由自在地飞行在稻田上，停靠在篱笆旁，穿梭在房前屋后与可爱的小伙伴们捉迷藏。

蜻蜓美丽又可爱！

蜻蜓纯朴又勤劳！

蜻蜓如精灵一般，赞美它们吧，人们从来不会吝啬自己的语言。在美国南方，人们为蜻蜓取了一个职业化的名字——蛇医，是不是有些惊讶与好奇？为什么会取这样一个名字呢？那是因为以前的人们迷信蜻蜓能够让生病的蛇恢复健康。而在我们中国，人们为蜻蜓取了一个充满想象力的名字——龙虱。传说它们平时附在龙的身体上，每当龙要行雨时，身体一抖动，蜻蜓就离开龙的身体，从天空中飞下来。这是多美丽的传说呀！让人觉得蜻蜓这小虫儿既可爱又神秘。因为这个传说，我还写了两个微童话呢！

龙虱

蜻蜓是龙身上的虱子。

大海边停着一群蜻蜓。龙钻出海面，去行雨，蜻蜓们哗地围上去。龙害怕呀，扑通扎进大海里。

蜻蜓不会潜水，它们像一朵乌云，盘旋在空中。龙潜在水波下，往上望，摇摇尾巴甩甩头，游回龙宫去了。

海风吹着，海浪涌着，海鸥叫着。蜻蜓们歇在沙滩上，等着。

龙王行雨

龙王跟蜻蜓做了约定：他们一起行雨。

龙王冲出海面，蜻蜓们呼啦围上去，钻在龙鳞下，该吃的吃，该喝的喝。龙王飞上天，张开龙鳞，身子一抖，蜻蜓们飞下去，低低地飞。阿嚏，阿嚏嚏，阿嚏嚏嚏嚏……只要龙王打喷嚏，雨就落个不停。

蜻蜓们四处巡视："够了！够了！"

龙王抹抹鼻子，背着蜻蜓，飞向别处。

如果你曾仔细观察过，你一定会发现——

家乡的蜻蜓有四种。

一种极大，头胸浓绿色，腹部有黑色的环纹，尾部两侧有革质的小圆片，叫作"绿豆钢"。这家伙厉害得很，飞时巨大的翅膀磨得嚓嚓地响。或捉之置室内，它会对着窗玻璃猛撞。

一种即常见的蜻蜓，有灰蓝色和绿色的。蜻蜓的眼睛很尖，但到黄昏后眼力就有点不济。它们栖息着不动，从后面轻轻伸手，一捏就能捏住。

一种是红蜻蜓。不知道什么道理，说这是灶王爷的马。

另有一种纯黑的蜻蜓，身上、翅膀都是深黑色，我们叫这鬼蜻蜓，因为这有点鬼气，也叫"寡妇"。

（摘自汪曾祺《夏天的昆虫》）

如果你曾快乐地玩耍过，你一定会有感受——

特别是夏季的傍晚，在天快要下雨的时候，蜻蜓成群结队地低飞在空中，飘飘洒洒，正忙着吃害虫呢！那玻璃般透明的翅膀鼓动着，像一架架轻盈的小飞机，忽上忽下，忽快忽慢，能滑翔，会点水，翅膀稍一抖动，就能来个急转弯。你扔一块石子，它就是跟随石子飞翔的那个精灵，随石子落地。它在接触石子的一刹那腾空而起，像反弹而上的“跳跳球”。偶尔，还会出现一只红色的蜻蜓，它像一点小小的鲜艳的火苗，在空中流动。而刚刚从水虿羽化的蜻蜓，那对叠在一起的翅膀，像撑雨伞一样，一下子就全部伸展开来。

在这蜻蜓飞舞的季节，它们是天空的精灵。一帮小伙伴拿着沉重的大扫把，疯狂地跑出去扑着蜻蜓玩，场面好不壮观，和空中炫舞的蜻蜓有一拼。运气好的小伙伴，一扑就扑到一只蜻蜓，拿一根细细的线，系在蜻蜓长长的尾部上，这样蜻蜓就跑不了了，然后兴高采烈地把它带回家，系在阳台或窗台的一根铁钉上……

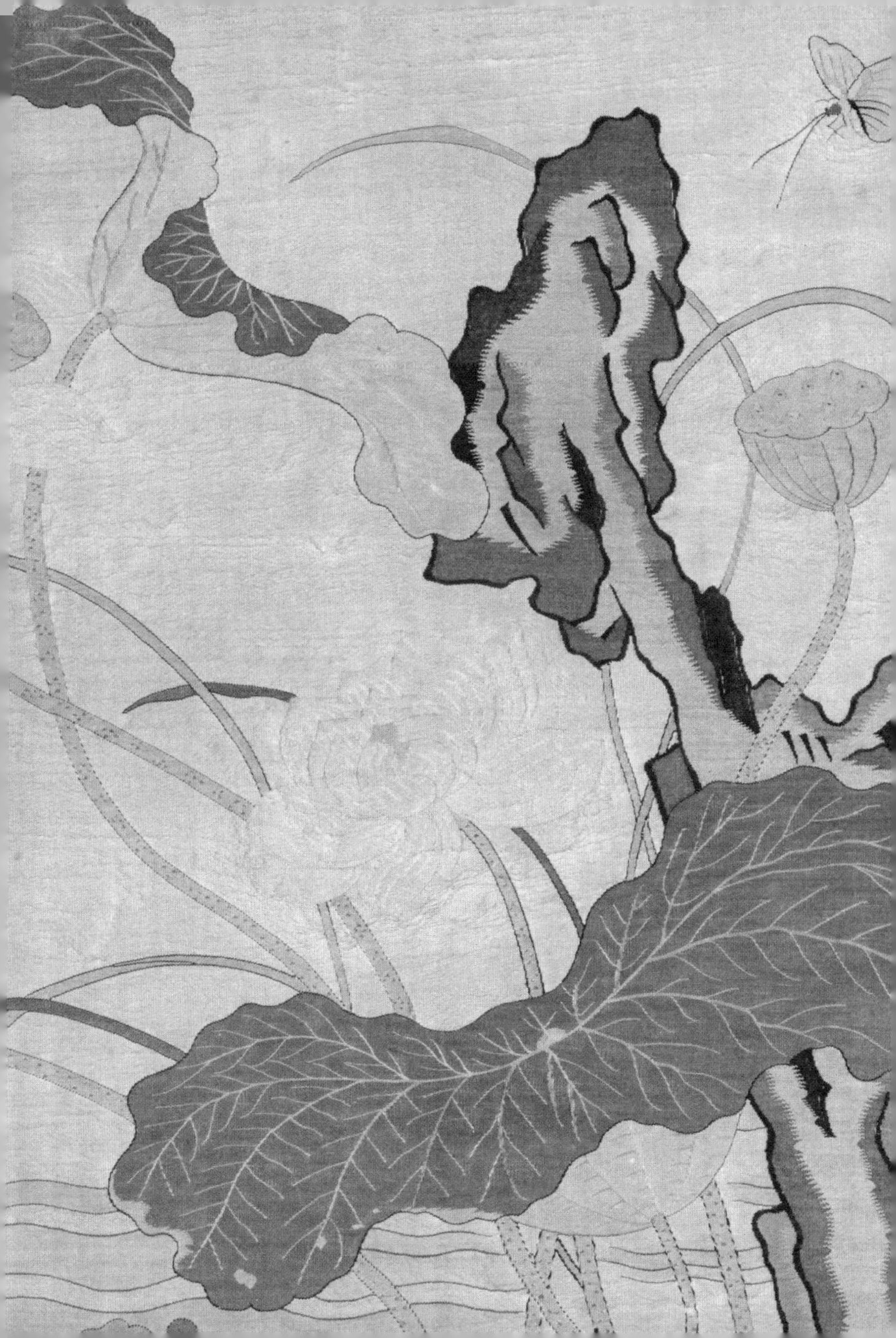

因为好玩儿，童年就这样和蜻蜓连在一起；而因为相似，人们总把蜻蜓和飞机、钉子连在一起。

有儿歌这样唱："草青青，水清清。蜻蜓，蜻蜓，飞个不停。飞到这里，飞到那里，忽高忽低做游戏，好像一架小飞机。"

有古诗这样写："蜻蜓许是好蜻蜓，飞来飞去不曾停。捉来摘除两个翼，便是一枚大铁钉。"

有故事这样讲：

坏财主得了眼病，看不清东西。一日又是赶集，他又上街占便宜去了。在羊肉摊前，他只肯花十文钱，强买了一大包羊杂碎，还一个劲地说："哈哈，今天来值了，捡了个大便宜！"说着，他又去别的摊位了。

真是太欺负人了！可大家敢怒不敢言。小阿凡提看在眼里，气在心里，决心找机会治治坏财主，帮大家出出气。

小阿凡提跟着坏财主。回家路上，坏财主大腹便便地七拐八弯，进了小巷里的茅厕。他开始解裤带，可手里拎着东西不方便。把东西放地上？要知道，小巷里的茅厕苍蝇乱飞，没一处干净的地方。坏财主瞪着眼，四处看，发现墙上有个黑点儿，像根钉子，便把东西挂上去。谁知刚一松手，就听“啪”的一声，东西全砸在了地上，苍蝇一哄而上。原来，那根本不是钉子，而是一只蜻蜓！坏财主心疼极了，不过他又自我安慰道：“可恶的蜻蜓，真晦气，再去买一份吧。”坏财主走后，小阿凡提进了茅厕，在墙上钉了根钉子。

坏财主又“买”好了东西，往回走。路过小巷时，他心头又是一疼，心想：这会儿，说不定那可恶的蜻蜓飞回来哩！接着，他又走进了茅厕，瞪着眼，仔细看。果然，墙上的黑点儿又在了！坏财主心里乐了，对着黑点儿猛地一拍：“哎哟——”躲在茅厕后边的小阿凡提听了，捂着嘴一笑，溜了。

蜻蜓，也可以写成蜻蝏，“蜻”源于它身体的颜色，“蜓”与“蝏”源于它身体的形状。李时珍在《本草纲目》中记载：“或云其尾如丁也，或云其尾好亭而挺，故曰蝏，曰蜓。”意思是说：有人说，因为它的尾巴像钉子；有人说，因为它爱把尾巴直立起来，很挺，所以叫它“蜓”与“蝏”。

在重庆方言中，蜻蜓叫丁丁猫儿；河南、湖北一带方言，蜻蜓叫虰虰——都很形象吧！而古代有民间传说，把蜻蜓（dragonfly）描绘成龙（dragon）的后裔，这可比“龙虱”威风多了，我从它们的英文名中发现了一丝“遗传”的痕迹。你发现了吗？

也许正因为有了这一层关系，人们便把吉祥、胜利、繁荣、和谐、敏捷等象征意义赋予了蜻蜓，甚至诞生了“蜻蜓富人”的传说。

从前，有一对贫穷的夫妻在山中干活。干活很辛苦，离家又远，所以他们中午就在山中睡个午觉，养养精神。午睡时，丈夫还在熟睡，妻子已经醒来了，她看见一只蜻蜓在丈夫的脸上飞来飞去，一会儿停在嘴上，一会儿停在鼻子上。怕蜻蜓吵醒丈夫，妻子轻轻把蜻蜓赶走了。

过了一会儿，丈夫醒来了。他告诉妻子说：“我刚才做了一个梦，梦见蜻蜓仙子把我带到山背后。那里有美味的好酒，我还尝了几口呢！”妻子突然想起了刚才那只蜻蜓，赶忙把蜻蜓飞在他脸上的事告诉了丈夫。

他们都觉得有点儿不可思议，难道真遇上好事了？于是，他们向山顶爬去。沿着梦中的线路，他们果真在山背后发现了一条小溪。溪水哗哗地流淌着，散出阵阵清香，喝一口，哇，好美味的酒啊。从此，这对夫妻成了富人。

美梦成真，多么美好的传说啊！可如今传说仍在，蜻蜓却因为水质变坏、水域面积减小而越来越少了。这让我想到了

一个故事。

海上[①]之人有好蜻者，每居[②]海上，从[③]蜻游，蜻之至者百数而不止，前后左右尽[④]蜻也，终日[⑤]玩之而不去。其父告之曰：“闻蜻皆从女[⑥]居，取而来，吾将玩之。”明日之海上，而蜻无至者矣。

（摘自《吕氏春秋》）

注解

①海上：海边。

②居：停留。

③从：跟随。

④尽：全部。

⑤终日：整天。

⑥女：通“汝”，你。

译文

海边有一个十分喜欢蜻蜓的人。每当他停留在海边，总跟随蜻蜓嬉戏。飞来与他嬉戏的蜻蜓数以百计都不止，他的前后左右全部是蜻蜓。他整天玩赏它们，它们都不离开。他的父亲对他说：“听说蜻蜓都跟你在一起，你把它们带来，我也要玩赏它们。”他答应了。第二天，他来到海边，可蜻蜓一只也没有飞来。

在这个故事中，我看到了蜻蜓的聪明和无奈，也看到了人与人（大自然）之间的相处——对人（大自然）要真诚，如果心怀鬼胎，别人（大自然）就不会和你亲近了。

我有时候会想，蜻蜓会灭绝吗？若真的灭绝了，那我们就只能玩玩竹蜻蜓[1]了，然后回忆——在恐龙之前，有一种巨型蜻蜓，它的翼展大约有 91 厘米长，是已知的地球上有史以来最大的昆虫……

---

[1] 竹蜻蜓是我国古代一个很精妙的小发明，曾令西方传教士惊叹不已，将其称为“中国螺旋”。20 世纪 30 年代，德国人根据竹蜻蜓的形状和原理，发明了直升机的螺旋桨。

一蜈蚣盘旋蚓穴之上。

蚓匿穴中，

忽探首拔去蜈蚣一足。

06 蚯蚓

达尔文曾说，蚯蚓是地球上最有价值的动物。它能够改善土壤的质量，使土壤适合农作物生长。

既然蚯蚓这么重要，我们是不是该给它取一个霸气的名字呢？你看，“地龙”这个名字怎么样？挺好吧！但我得告诉你，蚯蚓确实叫“地龙”，还是一味中药材呢。

那是在宋朝初年，宋太祖赵匡胤刚登上皇位不久，就患了“缠腰火丹”病。紧接着，他的哮喘病也随之复发了。皇帝生病了，这怎么了得！得赶紧治哪！可太医们绞尽脑汁，还是束手无策。赵匡胤怒了，金口一开，大手一挥，将所有太医都关进了大牢。

赵匡胤的怒气确实消了一大半，可这病还在他身上呢，总得请人来治病吧。请谁呢？

天下这么大，山外有山，高手总是有的。洛阳就有一位擅长治疗皮肤病的药铺掌柜，外号“活洞宾”。他被推荐进宫，为赵匡胤治病。见到赵匡胤环腰长满了大豆形的水疱，像一串串珍珠一样，他皱了皱眉。

赵匡胤问道：“朕的病怎么样？”

“活洞宾”连忙答道：“皇上不必忧愁，草民有好药，涂上几天就会好的。”

赵匡胤冷冷一笑：“多少名医都没有办法，你敢说此大话？”

“倘若治不好皇上的病，草民愿受责罚；若治好了，请皇上放了大牢里的太医。”

“若真如此，朕就答应你的要求。”

只见“活洞宾”来到殿外，打开药罐，取出几条蚯蚓放在两个碗里，撒上蜂蜜和一些药粉，把蚯蚓化成蚯蚓汁。他用棉花蘸取汁液，涂在赵匡胤的患处，赵匡胤立刻感到清凉舒适，疼痛减轻了许多。他又捧上另一碗蚯蚓汁，让赵匡胤服下。赵匡胤惊讶地问：“这是什么药，既可内服，又可外用？”“活洞宾”随机应变道：“皇上是真龙天子下凡，民间俗药怎能奏效，这药叫作地龙，以龙补龙，定能奏效。”赵匡胤听了非常高兴，立即服下。

几天后，赵匡胤的“缠腰火丹”病和哮喘病果然都好了。“活洞宾”得到了赏赐，太医们也得救了。从此，地龙的名声与功能也就广泛传开了。

蚯蚓与“龙”搭上了边，多荣耀呀！可是，在民间故事中，蚯蚓竟然是一个不孝子变成的！有多不孝？他竟然把妈妈当成个“妈妈子”(老年女仆人)。

很久以前，不晓得哪朝哪代了，有户人家，只有母子二人。爸爸死得早，妈妈就这么一个儿子，非常惯他。妈妈辛苦供儿子读书。妈妈整天忙这个，忙那个，身上邋邋遢遢，人又长得丑，一脸大麻子，难看哩。儿子呢，吃得好，穿得好，长得漂漂亮亮，跟妈妈一比，一个天一个地。

这一年，儿子大了，妈妈巴望儿子成家立业，央人帮儿子说了一门亲事。媳妇还没过门，儿子跟妈妈说：“妈，我快成亲了，往后，我不能再叫你妈了。”

妈妈很生气：“你这说的是人话吗？”

儿子没廉耻地说：“妈，你也别生气。你看，我长得漂亮，媳妇长得也漂亮，就你这个妈长得丑，让媳妇看了，不配！”

妈妈说：“我家总共两个人，媳妇过来了，也就三个人，你不叫我妈，叫什么呢？”

儿子想了想，说：“喊个‘妈妈子’吧！”

妈妈心里不称意，可也没办法！早先惯坏了，就这么一个儿子，总得让他成家啊，她只好忍气吞声。

媳妇过门了，很贤惠，一过来，她就问丈夫：“爸爸呢？”

“早死了。”

“妈妈呢？”

丈夫不肯说。媳妇指指妈妈问他：“她是你什么人？”

“这——这个是我妈妈子。”

丈夫说得含含糊糊的，媳妇也没追着问，就蒙混过去了。毕竟，媳妇才过门，也不好多问。这个妈妈呢，还是早也忙，晚也忙。她家养了一头老母猪，一窝下了七头小猪。妈妈每天要喂猪，有一天喂猪的时候，她动了情，自言自语道：“猪呀，你养七个能团圆，我养一子被儿嫌哪！”说着说着，她就哭了起来，还不敢大声哭，憋着悲伤默默哭。

日子一天天过去。时间长了，媳妇就发觉了——每天喂猪的时候，“妈妈子”都自言自语“猪养七个能团圆，我养一子被儿嫌”，还带着一脸悲伤，到底是怎么回事？她的儿子究竟在哪儿，为什么在我家做妈妈子？

等丈夫回家，媳妇又问了：“这个妈妈子究竟是你什么人？”

一追问，丈夫就直说了：“就不瞒你了，是这么回事。你长得漂亮，我生得好看，独独我妈长得太丑。我怕你嫌她，就让她当妈妈子。”

媳妇一听，又气又急，说：“你呀，亲生妈妈都不认，还算人吗？你要遭五雷轰顶，把你打下十八层地狱！”说来也巧，她这么一说，天上乌云马上来了，雷鸣电闪，一个响雷打下来，堂屋的地就裂开来了。一条大缝刚好裂在丈夫的脚底下，他就掉到地缝里去了。媳妇一看，赶快来救，可手够不到，旁边又抓不到东西，就随手把围裙解下来，让丈夫把围裙带子系在腰上，然后往上拉。哪晓得，说时迟那时快，一会儿工夫，地缝又合起来了。就这么着，这个儿子在地底下变成了蚯蚓。蚯蚓身上那道红箍子，传说就是他媳妇的围裙带子。

我们中国人讲孝道，不孝敬父母是极大的罪过，人们借蚯蚓表达了对这种罪过的严厉惩罚。而在另外的故事中，人们把善良安在蚯蚓身上，同样让人印象深刻。

在很久以前，虾是没有眼睛的。正因为它“瞎”，所以才得了“虾”这个名字——“虾”与“瞎”谐音。

虾整天在水里瞎游瞎蹦，什么也看不见，十分苦恼。它抱怨：老天啊，为什么不让我长一双眼睛呢？哪怕小一点儿，丑一点儿，只要能看见东西就好。

虾思前想后，终于想出一个“好主意”：借！只要能借双眼睛，看看世界，也不枉活一辈子。

它碰上了鱼，就问：“你有眼睛吗，能看见什么？”鱼说：“沙很白，水很清，草儿绿，花儿红，小河弯弯曲曲……”虾说：“真美呀！你把眼睛借给我，让我也看看，行吗？”鱼一听，知道它不怀好意，瞪它一眼，摇摇尾巴，钻到水底去了。

它碰上青蛙，就问：“你有眼睛吗，能看到什么？”青蛙说：“树很高，草很密，小鸟跳，蝴蝶飞，天上有白云……”虾说：“真美呀！你把眼睛借给我，让我也看看，行吗？”青蛙一听，知道它不安好心，呸它一口，三跳两跳上了岸。

虾借不到眼睛，而且连个愿意跟它说话的也碰不上。它伤心透了，靠在岸边哭起来，一直哭了三天三夜。

它的哭声惊动了在岸边拱土的蚯蚓。蚯蚓从土里钻出来，看见虾哭得实在伤心，就走过去问：“虾，什么事让你这么伤心啊？”虾一听是蚯蚓，心想：碰上了好心肠，可不能错过机会。于是，它紧紧抓住蚯蚓，抽咽着说：“蚯蚓大叔，你可怜可怜我吧！”

“什么事啊？看你哭得怪难受的。”

“别提啦。”虾灵机一动，编了一段谎话，“我娘病了，快要死了。她非常想念我，捎信来让我回去。我急着回去见娘一面。可是我没有眼睛，看不见路，回不去，没办法，我才哭啊！”

蚯蚓说：“难得你一片孝心，谁见了你都会帮助你的。这样吧，我给你带路，行吗？”

虾说：“你的心眼真好，可你知道，我家离这儿很远，走水路你又不方便，尽管你有帮助我的心，也解决不了问题呀！”

“那，可怎么办呢？”蚯蚓显得比虾还着急。

“你要是不见怪，我说个办法，你看行不行？”虾见时机已到，试探着说，“你要信得过我，请把你的眼睛借给我。只需三天，我就回来把眼睛还给你，行不？”

蚯蚓愣住了。这可是件大事，怎能草草决定呢？

虾感觉到蚯蚓在犹豫，忙发誓说：“苍天在上，我若借了不还，不光我，连我的子孙万代，都不得好死——抽筋扒皮下油锅。”

蚯蚓见虾这么狠的誓都敢发，就说：“借给你不算什么。我知道你不会做出昧良心的事来。”

“那当然，那当然。”虾点头哈腰地说着。

蚯蚓主动将一只眼睛安到虾头上。虾看得见了，伸手摘下了蚯蚓的另外一只眼睛，安到了自己的头上。它骨碌碌地转了转两颗黑黑亮亮的小眼睛，千恩万谢，高高兴兴地游走了。

蚯蚓在河边泥土里等着。三天过去了，不见虾回来；三十天过去了，仍不见虾回来；三年过去了，还是不见虾回来。它知道那虾坏了良心，又哭又骂，但都无济于事。它没了眼睛，成天叫唤着。直到现在，夏日晚上，我们还能听到地里有种拉长了声的虫叫：“虾——虾——”那就是可怜的蚯蚓在绝望地呼唤。

虾呢？虽然得到了有眼睛的快乐，却因昧了良心，受到了应得的惩罚——当人们捉到虾，总要把它抽筋扒皮下油锅。

有人说，蚯蚓太笨，鱼和青蛙一眼就看穿了虾的心思，就它看不穿。其实蚯蚓不笨，它还战胜过蜈蚣呢！只是它的善良碰上了虾的坏心眼，令人同情。

一蜈蚣盘旋蚓穴之上。蚓匿[①]穴中，忽探首拔去蜈蚣一足。蜈蚣怒，欲[②]入穴，而穴小不能容，正彷徨[③]旋绕[④]，蚓复乘间拔其一足。蜈蚣益怒而无如之何，守穴口不肯去[⑤]。蚓遂渐拔其足，阅[⑥]一时许，则蜈蚣已无足，身虽未死，而不能转动，横卧于地，如僵蚕焉。蚓乃公然[⑦]出穴，噬[⑧]其腹而食之。

（摘自薛福成《庸盦（ān）笔记》）

注解

① 匿：隐藏。

② 欲：想要。

③ 彷徨：来回地走而不前进。

④ 旋绕：环绕。

⑤ 去：离开。

⑥ 阅：经过。

⑦ 公然：公开地，毫无顾忌地。

⑧ 噬：咬。

译文

一只蜈蚣盘伏在蚯蚓的洞口上。蚯蚓藏在洞里面，突然伸出头拔掉蜈蚣一只脚。蜈蚣发怒想钻进洞里，但蚯蚓洞太小，进不去，正转来转去的时候，蚯蚓又趁机拔掉蜈蚣一只脚。蜈蚣更加愤怒，却不知该怎么办，就守在洞口不肯走。蚯蚓于是逐渐拔掉蜈蚣所有的脚，经过两个多小时，虽然蜈蚣没有死，但已经不能动弹了，横躺在地上，就像冻僵的蚕一样。于是，蚯蚓大摇大摆地钻出洞口，咬蜈蚣的肚子并吃了它。

蚯蚓胜得了蜈蚣，却敌不过蚂蚁。只要它来到地面上，就会被蚂蚁捉住，这是为什么呢？

在很早以前，蟋蟀、蚂蚁、蚯蚓是好朋友。它们同住在一个村子里，这个村子名叫草丛村，村里的路坑坑洼洼的，很不好走，要是下了雨，那就更不好走了，烂泥会把走路人的鞋子脱下来。

有一天，蟋蟀和蚂蚁在一起商量，它们想要把村里的路修好。说干就干，它们割草的割草，挖土的挖土，填路的填路，干得热火朝天。干了大半天，累得满头大汗，才修了一点点。它们这时才意识到修路可不是一件容易的事，光靠它们两个可不行，得发动大家一起来修路。

蚯蚓是它们的好朋友，却一直没有来帮忙。蚂蚁去找蚯蚓，他说得很客气：“蚯蚓大哥，你能帮我们去修路吗？”

蚯蚓说：“修路这活太累了。我怕累，我不干。”

蚂蚁没想到蚯蚓会这么说，它生气了：“那，那以后你就不走路啦？”

“不走就不走！有什么了不起！”蚯蚓伸了个懒腰，懒洋洋地说。

蚂蚁见蚯蚓这个样子，不客气地说：“要是你走了，怎么办？”

“要是你们见我走了，就把我捉起来。”蚯蚓说。

……

过了好久好久，蚂蚁和蟋蟀终于把路修好了。它们高高兴兴地在路上跑来跑去。蚯蚓很羡慕，也悄悄爬到路上去。可它刚爬上去，就被蚂蚁发现了。蚂蚁毫不客气地把蚯蚓捉住，抬进了洞里。

从此，蚯蚓再也不敢到路上去走了，只能在土里钻着走。要是它不小心走到了路上，准会被蚂蚁捉住。

很多人都讨厌蚯蚓，但它对我们很重要。

有了生活的积累，人们创作了大量与蚯蚓有关的作品，塑造了各种各样的蚯蚓形象，或善良，或懒惰，或聪明……它们带给我们很多启示。读完了这些故事，你还会讨厌黏糊糊的蚯蚓吗？

子独不闻夫坎井之蛙？

07 青蛙

很多人都读过《小蝌蚪找妈妈》这个童话，知道青蛙是蝌蚪变的。

不过，下面要讲的这个民间故事可能你就没有听过了。

在很久以前，有一对老夫妻，烧香念佛一辈子了。老了老了，他们觉得该上西天去见佛祖了，就把家产全部变卖，买成烧纸烧了，装了满满一车纸灰，推着车往西天去。

他们逢人就说自己烧香念佛一辈子了，得了召唤，该上西天见佛祖去了。

在半路上，他们遇到一个杀牛的小伙子，也想跟他们上西天。他们可不答应！在他们看来，以杀生害命为业的，也想见佛祖？真是妄想。可小伙子真想去，缠住不放。旁边有个看热闹的说话了："杀牛宰羊也是个行当啊，也得有人干，咋上不了西天？就看拜佛人是真修行还是假修行了。"老头儿听了，心想：带上他也好，能不能见到佛祖，是他的事，别叫别人说我们心窄。老太婆想：带就带上他，正好叫他推车，什么修行不修行的，他能见到佛祖？除非毛驴长犄角！

三人上了路，推车的活由小伙子包了。他们走啊走，一天又一天，一月又一月，春去秋来，还真走到了通天河边上。可没有大乌龟驮他们过河，只好在河边找了一户人家住下，每天望着八百里河面发愁。

房东是个独居的白发老奶奶，见他们这样，也很着急，就给他们出了个主意，说："你们去砍些棍儿吧，可能有用。可有一样，我看你们仨，不一定都能过河去。要真这样，谁砍多少不要紧，怕就怕谁起了坏心眼儿，那就完了。"他们三人想：砍棍儿一定是扎木排过河吧？就一起上山去了。

这地方草多树少，棍儿还真是个稀罕物。小伙子年轻力壮，砍得还可以。老头儿跟在后面砍得少，就很着急：砍得

少扎不成木排，怎么过河呀？一急，他就偷了不少小伙子砍的棍儿，放在自己堆里。老太婆在最后，心里明白也不吱声。砍了一天，三人回头一看，小伙子后面就剩三根棍儿了，其余的都跑老头儿那儿去了。可说来也怪，老头儿的棍儿又都长在地上了，一根也拿不走。三人只好扛着三根棍儿回到房东家。房东老奶奶见了叹口气，说："跟我料想的一样！这些棍儿啊，只好用来烧火了。"

房东老奶奶到园里摘来三个硬皮瓜，一个锅里放一个，一个锅下点着一根棍儿，对老太婆说："你煮瓜吧，可我看你们仨不一定都能到西天，就看谁的瓜先熟了。谁有邪心，他就完了。"说完，她走了。老太婆守着火，煮啊煮，用勺一按，小伙子的瓜先软了，这怎么能行？她忙把小伙子的瓜和自己的换了。过一会儿又一按，小伙子锅里的又比老头儿的先熟了，她又忙把小伙子的和老头儿的调换了。这样，老太婆的先熟了，老头儿的当间儿，小伙子的最后熟。吃瓜的时候，房东老奶奶瞧着他们直叹气，嘱咐不要把瓜壳丢了，明天拿到河边可以派上用场。

第二天，房东老奶奶送三人到了河边，告诉他们："瓜壳就是船，你们坐上走吧。"老头儿和老太婆望着瓜壳发呆，说什么也不敢信。瓜壳怎么可能当船呢？小伙子心实，把瓜壳往水里一放，推车就想上。老太婆怕丢了车，忙拽住了车把手。小伙子只好自己纵身跳了上去。说来也怪，瓜壳真变成了一艘大绿船，载着他浮浮游游往对岸去了。老头儿和老太婆这才信服，放下瓜壳，等它变成两艘船，老太婆推车上船，老头儿也上了自己的船。谁知等他们上去后，船却不走，“呼”地又缩成了瓜壳大小，把俩人包住了，落进水里。等他们漂上来时，已变成一对绿青蛙。

也许他们对自己所做过的那些事情后悔了吧，公青蛙一上来就直叫：“棍儿，棍儿……”母青蛙就叫：“呱儿，呱儿……”纸灰变成了蚊虫，青蛙就捉蚊虫吃。据说，这就是青蛙的来历。

2007 年夏天，曼哈顿美国自然历史博物馆举办了一次蛙类展，共展出 25 个品种 200 多只青蛙，是从世界上已知的 5300 多个品种的青蛙中挑选出来的最奇异的品种。这些青蛙形态各异，色彩艳丽，有柠檬黄还有草莓红，颜色应有尽有。

在如此多的青蛙品种中，有一种叫墨点青蛙，还有一种叫红脑壳青蛙，虽然它们算不上奇异，但传说它们的来头很大，与两位名人有关。

墨点青蛙

传说，仓颉为了整理文字，骑着一头毛驴翻山越岭，走州过县，了解各地的风土人情，记录各地的方言土语。到了老年，他来到今天的岐山境内，在城南找了一座房舍，定居下来。

有一年夏天的夜晚，他正在灯下整理文字。这时，池塘里的青蛙“呱呱呱，呱呱呱”地叫个不停，扰得他心神不安，思绪紊乱。他便拿起笔，饱蘸浓墨，向池中洒去。结果，池塘中青蛙的嘴巴都变成了黑色，再也不叫唤了。至今，这里的青蛙仍与其他地方的青蛙不同，嘴巴有一圈黑。

陆逊金城戏青蛙

东吴中了诸葛亮的计，失了荆州。后来吕蒙为将，要夺荆州，却又对付不了守荆州的关羽，在陆溪口急出病来了。陆逊听说吕蒙病了，来看他。吕蒙见陆逊蛮有心计，就举荐陆逊为将。陆逊领兵后，在离荆州百里以外建了一座金城，让人马撤到那里，闭门不出。

关羽见过风浪，听说陆逊是个年轻人，就没把他放在心上，见他往后撤，更把他看成是怕猫的老鼠，说：“一个小娃娃，不费力！”还是马良仔细，对关羽说：“只怕这里有诈，不能大意。”关羽一阵冷笑，心想：我大江大海都过了，还会在小沟里翻船？不过，为了应付马良，关羽叫来了关平，对他说：“你带上文书和礼物，去吴营走一趟，明里是祝贺陆逊升为偏将军右都督，暗中摸摸他的情况。”

关平赶到陆溪口，见陆逊不在，那里只有少数人马，松松垮垮的，没一点儿战斗力，哪能打仗呢？他又赶到金城，见衙内一片混乱，刀、枪、剑、戟竟然生了锈。陆逊穿着随便，文不像文，武不像武。他身边放着一口大缸，里面喂了好多青蛙，咕咕呱呱，叫个不停。陆逊一手拿朱笔，一手从缸里不断捞取青蛙，在它们头上点红点儿，然后放在大厅里，任它们四处乱蹦乱跳。人们都拍手欢笑，上上下下像一群小伢儿。关平看在眼里，心想：他们这个样子，哪是父亲的对手呢？陆逊嘻嘻哈哈，一边设宴招待关平，一边还不时抓青蛙玩。他对关平说：“你父亲啊，一生只晓得打仗，不会玩乐。人生几何？得乐且乐才是。”陆逊渐渐酒醉，东一句、西一句，尽是胡扯。

关平回到荆州，把所见所闻告诉了关羽。关羽不晓得陆逊用的是计，更大意了，完全没有防备他。这时，吕蒙见时机已到，趁关羽离开荆州，就神不知鬼不觉地在下雪天穿白衣渡江，夺回了荆州。关羽败走麦城，最后把性命都丢了。如今金城一带，还有红脑壳青蛙，据说它们就是陆逊当年用朱笔点过的那些青蛙的后代。

青蛙是捉虫高手，身子一蹿，舌头一卷，虫子无处遁逃；青蛙是歌唱家，最为人熟知的就是夏夜里的齐声合唱——稻花香里说丰年，听取蛙声一片；青蛙是运动健将，最标准的蛙泳非它莫属；青蛙是伪装高手，身上的着装会因环境温度和肾上腺素等因素而发生变化。不仅如此，青蛙还十分聪明。

狐狸、刺猬和青蛙是好朋友。有一天，它们在一起玩游戏，玩累了，也饿了。狐狸看见不到五米远的地方有一块肉。狐狸想过去吃，又不好意思，心想：我吃肉，刺猬、青蛙吃不上可不行，那就不够朋友啦。于是，狐狸就说："前边有块肉，咱们仨吃吧，都不得饱；让一个吃吧，又该谁吃呢？"

狐狸眼珠一转，接着说："咱们比赛看谁跑得快，谁先跑到肉跟前，谁就先吃肉。"刺猬、青蛙一起说："行。"狐狸第一个跑到肉跟前，高兴地说："这下可该我吃肉啦。"就在这时，青蛙说话了："你吃不上，该我吃。"狐狸低头一看，只见青蛙早已跳到肉上。狐狸很奇怪，明明是我先到的，怎么青蛙已跳在肉上？原来，在狐狸喊跑的时候，青蛙跳到了狐狸的尾巴上，所以青蛙比狐狸早到。

狐狸说："这次不算，咱们再比一次，看谁的年龄最大，谁先吃肉。"刺猬抢先说："我一百岁啦。"狐狸就说："我二百岁啦。"这时见青蛙只掉眼泪不说话。狐狸、刺猬都愣了，忙问："青蛙，你哭什么？"青蛙边哭边说："我就是不能听比年龄大，你们一百岁、二百岁算什么，要是我的儿子还在，它比你们的年龄都大。"狐狸一听，这轮比赛还是吃不上肉，就说："为了不让青蛙伤心，这一次还不算，咱们再比一样。咱们看谁最不能喝酒，谁就先吃肉。"刺猬又抢先说："我一滴酒也不能喝。"狐狸说："我连闻也不能闻。"这时，只见青蛙睡倒在地上。狐狸、刺猬忙问："青蛙，你这又怎么啦？"青蛙说：

"你们一个不喝，一个不能闻，我是听都不能听，一听就醉。"最后还是青蛙胜了，肉让青蛙吃了。

当然，也有见识短浅、自以为是的笨青蛙，不然，哪来"井底之蛙""坎井之蛙""坐井观天"这些成语呢？

子独不闻夫坎井之蛙[①]？谓东海之鳖曰："吾乐与[②]！出跳梁乎井干[③]之上，入休乎缺甃之崖[④]；赴水则接腋持颐[⑤]，蹶泥则没足灭跗[⑥]。还虷、蟹与科斗[⑦]，莫吾能若也！且夫擅一壑之水[⑧]，而跨跱坎井之乐，此亦至矣。夫子奚不时[⑨]来入观乎？"东海之鳖左足未入，而右膝已絷矣，于是逡巡而却[⑩]，告之海……

（摘自《庄子》）

注解

①坎井之蛙：坎井：坏井，废井。

②与（yú）：同"欤"，表示感叹的句末语气词。

③跳梁：同"跳踉"，腾跃。井干：井上的木栏。

④缺甃（zhòu）：残缺的井壁。崖：边。

⑤接腋持颐：指水的深度可以托浮住两腋和双颊。颐：面颊。

⑥蹶（jué）：踩。跗（fū）：脚背。

⑦还（huán）：回头看。虷（hán）：蚊子的幼虫。科斗：

蝌蚪。

⑧ 且夫：用在句首，表示更进一层，相当于“再说”。擅：专有，独自据有。壑：水坑。

⑨ 夫子：敬称，先生。奚（xī）：为什么。时：经常。

⑩ 于是：介宾词组，在这个时候，当时。逡（qūn）巡：从容，不慌忙。却：后退。

译文

你不曾听说过那些浅井里的青蛙吗？井蛙对东海之鳖说：“我实在快乐啊！我跳跃玩耍于井口栏杆之上，进到井里便在井壁砖块破损之处休息；跳入水中井水漫入腋下并且托起我的下巴，踏入泥里泥水就盖住了我的脚背；回过头来看看水中那些蚊子的幼虫、小蟹和蝌蚪，没有谁能像我这样快乐！再说我独占一坑之水、盘踞一口浅井的快乐，这也是极其称心如意的了。先生为什么不随时来井里看看呢？”东海之鳖左脚还没能跨入浅井，右膝就已经被井壁卡住了。这时，它不慌不忙地把脚退了出来，把大海的情况告诉井蛙……

这里再讲一个关于青蛙的传说。

从前，有一对贫穷的老夫妻住在遥远的高山上，日子过得很苦。他们渴望有一个孩子，便向山神祈祷，不久，妻子就怀孕了。可是，十个月后，妻子生下的不是婴儿，而是一只眼睛鼓鼓的青蛙。

丈夫一看，心里难过，说："干脆把它丢了吧。"妻子说："它再丑，也是我们生的，青蛙住的是池塘，你把它放到我们屋后的池塘里吧。"丈夫捧着青蛙向屋后的池塘走去，青蛙在他的手上说话了："爸爸妈妈，不要把我放到池塘里，我是人生的，我要和你们一起生活。"

丈夫吃了一惊："老婆子，真奇怪！这蛙儿会说话了。"妻子说："它会说话，一定是只不平常的青蛙，就让它和我们一起生活吧。"

过了三年，青蛙看见爸爸妈妈每天都十分辛苦，就说："妈妈，你明天替我做个大馍馍，我要到很远的有碉楼和官寨的头人家去求亲，讨个漂亮能干的姑娘做你的儿媳，帮你干活。"

"儿啊，你不要说笑话，像你这样矮小，谁家肯把姑娘嫁给你呢？"

"妈妈，你做吧，他们会肯的。"

再丑的儿，也是妈妈的心头肉啊。妈妈答应了它，给它做了个很大的馍馍装在口袋里。第二天，青蛙背着装有馍馍的口袋上路了，它一跳一跳地向有碉楼和官寨的头人家去了。

青蛙到了头人家门口，喊道："头人，快开门吧。"头人听到门外有人喊，就叫人去看，看的人回来，一脸吃惊地对头人说："头人，你看多奇怪啊，喊话的是一只很小的青蛙。"头人家的管家做出有主张的样子，说："头人，这是妖怪，我们快用灰撒在它头上。"头人说："先不要撒灰，青蛙是水里长的，说不定是龙宫里派它来做什么的呢！你们要像敬神一样，向它洒牛奶！洒完了，我再去看它。”

左右的人听了头人的吩咐后，就用迎神的礼节，把牛奶向青蛙和天空洒去。洒完牛奶，头人走到门口：“青蛙，你是龙宫里派来的吗？来做什么？”

青蛙说：“我不是龙宫里派来的，我是自己来的。因为你有三个女儿，都快到出嫁的年龄了，我要讨个做妻子，我是来向你求亲的。”

头人和左右的人都吃惊了。头人说：“青蛙，你开玩笑吧！你看你多小、多丑，怎么配得上我的女儿呢？许多大头人来求亲，我都没有答应，我怎么会把女儿嫁给一只青蛙呢？”

青蛙说：“头人，若你不肯，我就要笑。”

头人一下就生起气来，说：“青蛙，你不要太无礼，你要笑就笑吧。”

青蛙见头人这样，就笑了。“咯咯咯”的笑声，比夜间成群的青蛙叫还要响亮十倍百倍。当它笑的时候，大地立刻震动起来，头人高大的碉楼、官寨开始摇晃起来，天空中扬起了飞沙、石块。头人一家人吓坏了，到处躲藏，最后还是头人向青蛙求情：“青蛙，你不要笑了，再笑，我们全家都活不成了，我让我的大女儿做你的妻子吧。”

青蛙果然不笑了，大地慢慢地停止了震动，人也慢慢站稳了。头人已经被青蛙的魔法吓坏了，只得喊大女儿出来，又叫人牵出两匹马，一匹驮嫁妆，一匹让大女儿骑着，叫她做青蛙的妻子，跟着它回家。

大女儿见父亲把她许配给一只青蛙，心里很不情愿。上马时，看到屋檐下有副石手磨，她就悄悄把石手磨的上半截藏在自己的怀里。她骑马跟着青蛙走，青蛙跳在前面带路，她故意打马，要马飞跑，让马蹄踏死它，但青蛙非常机灵，一会儿向左跳，一会儿向右蹦，总是踏不着。最后，她急了，当青蛙离她很近的时候，她悄悄取出怀里的石手磨，向不断跳动的青蛙砸去，然后立刻扭转马头，向自己家跑去。

她没跑出去几步，就听见青蛙在后面大声喊："大小姐，你停停吧，我有话要对你说。"她回头一看，被石手磨打着的青蛙从石手磨上的圆眼里跳了出来。她非常吃惊，只好把马停下。青蛙对她说："大小姐，咱俩没有缘分，你想回去就回去吧。"说着，青蛙就替她牵马，送她回家。

他们回到官寨，青蛙对头人说："我俩没有缘分，就把她送回来了。现在，你许我别的女儿吧！我要那个和我有缘分的。"

头人一听气坏了，说："青蛙，你好不识抬举，你既然送回了我的大女儿，我就再也不会把女儿许给你了。如果我的女儿任由你挑选，我还是个头人吗？"

青蛙说："看来你是不肯了，你若不肯，我就哭。"

头人心想：哭有什么要紧，哭总没有笑那么厉害吧？于是，他就气呼呼地对青蛙说："青蛙，你要哭就哭吧，谁怕你哭！"

夜雨黄梅新鼓吹
谁家春草旧池塘
甲子春社节写文待诏句为
枝南仁弟雅属
丰城王梦白

于是，青蛙就“呜呜呜”地哭了，像夏夜的雨一样。当它哭的时候，天空马上黑了下来，到处都响起咆哮的雷鸣，四面都涨起汹涌澎湃的洪水，大地立刻变成了一片汪洋。洪水不断上涨，很快就要将头人的碉楼和官寨淹没了，头人一家大小鬼哭狼嚎，拼命往屋顶跑，在屋顶挤成一团。最后，头人站在屋顶向青蛙求饶说：“青蛙，你不要哭了，再哭，我们全家都活不了了，我让我的二女儿跟你去，做你的妻子吧。”

这样，青蛙立刻不哭了，四周的洪水很快就退了下去。

头人没有办法，只得喊人牵来两匹马，一匹驮嫁妆，一匹载着二女儿，叫她跟着青蛙走。二女儿也不情愿，走了一段路，青蛙就将她送回家，然后请求头人把三姑娘许给它。

这回头人真生气了：“给你大女儿，你给退回来了；给你二女儿，你又给退回来；你现在又要三女儿，天下哪有这么好欺负的头人？”

青蛙平静地对头人说：“你大女儿、二女儿都不愿意跟我，我就送她们回来了，你三女儿愿意，那不是很好吗？”

头人恨恨地说：“不！她不会同意！哪有一个女孩子愿意跟一只青蛙的？我不再让你随意摆布了。”

青蛙说：“若你不肯，我就跳。”

头人心里一惊，可他实在气急了，就说：“你要跳就跳吧，我要是怕你跳，我还是什么头人？”

青蛙果然跳了。当它一上一下地跳时，整个大地都晃动起来，官寨和碉楼不断地左右摇摆，看样子，马上要倒塌了。

同时，山上沙石乱飞，恐怖极了。头人从乱石碓里爬出来，大声向青蛙求饶，答应将三女儿嫁给它。青蛙立刻停止了跳动，这时大地不晃动了，摇摆的官寨和碉楼也安静了。

头人没有办法，又只好用一匹马驮嫁妆，一匹马载着三女儿，叫三女儿跟着青蛙上路。

三姑娘是个心地善良的人，她没有她两个姐姐的想法，她认为这只青蛙非常有能力，因此愿意跟它一起走。就这样，青蛙将三姑娘带回家了。青蛙的妈妈在门口迎着，惊喜得合不拢嘴，心想：我这又乖又丑的娃娃，也能讨得一个这样漂亮的媳妇啊！

三姑娘很勤快，常跟婆婆一起去地里干活，婆婆疼爱儿媳，儿媳孝敬婆婆，一家人欢欢喜喜、快快乐乐地生活。后来，青蛙偷偷地告诉妻子，它是大地女神的儿子的化身，等到法力足够强大的时候，它就会脱去青蛙皮，变成一个英俊的小伙子。

在神话传说和民间故事中，青蛙有着不同的身份——或是大地女神的儿子，或是龙王的女儿，或是雷神的女儿……总之，它们都与水或土有关。大概是因为青蛙成长在水里，冬眠在土中。这一点，不仅我国如此，外国也是如此，比如：墨西哥有个民族，把癞蛤蟆作为地球的母亲神；古印度，青蛙被比作天空；古埃及人认为，青蛙是由泥土和水组成的……从中可以看出，古人相信青蛙有灵性，所以干旱时，古人会用青蛙来求雨——这样也能减轻一些龙王行雨的工作压力。

除此以外，人们还借青蛙的鸣叫声，编了一些有意义的故事，阐释了生活中的一些道理。

虾蟆、蛙黾与晨鸡[1]

子禽[2]问曰：“多言有益[3]乎？”墨子[4]曰：“虾蟆、蛙黾，日夜恒[5]鸣，口干舌擗[6]，然而不听。今观晨鸡，时夜[7]而鸣，天下振动。多言何益？唯其言之时也。”

（摘自《墨子》）

注解

① 虾蟆（há ma）：蛤蟆。蛙黾（miǎn）：青蛙。晨鸡：报晓的公鸡。

② 子禽：人名，墨子的学生。

③ 益：好处。

④ 墨子（约公元前468—公元前376）：春秋战国时期的思想家、政治家，墨家的创始人。

⑤ 恒：常常。

⑥ 擗（pǐ）：同“敝”，困、疲劳。

⑦ 时夜：司夜，掌管夜间的报时。

译文

子禽向墨子请教："先生，多说话有好处吗？"墨子答道："蛤蟆、青蛙，白天黑夜叫个不停，叫得口干舌疲，可是没有人去听它的叫声。再看那雄鸡，在黎明按时啼叫，天下振动，人们早早起身。多说话有什么好处呢？只有在切合时机的情况下说话才有用。

还有个故事，阐述的道理与上面这则故事类似。

青蛙学话

夜里，花猫"喵"的一声，离它不远的一只老鼠立刻吓得浑身打战，瘫在地上走不动了。花猫扑上去，便把老鼠咬死了。这一幕被青蛙看在眼里，看得激动，忍不住拍手叫好："嘿！花猫哥哥，你可真厉害！"

花猫舔了舔舌头，说："一般一般。"

青蛙心想：这本事还一般？如果我学会了花猫的本事，还有什么好怕的呢？于是，它对花猫说："花猫哥哥，我整天'呱呱呱'地叫个不停，谁都不怕我。可你只叫一声，就把老鼠吓瘫了。求你收我为徒吧。"

青蛙再三恳求，全身都趴在地上了，花猫也只好答应了。

青蛙跟花猫学会了猫叫。一天，它遇到了一条响尾蛇，不仅没有躲开，反而蹲在路上，"喵喵"地叫个不停。它以为这条响尾蛇会像那只老鼠一样瘫在地上，可响尾蛇不仅不害怕，还吐了信子，狠狠地咬住了青蛙。青蛙继续“喵喵”叫，但它的身体仍然慢慢被响尾蛇吸进嘴巴里。幸好花猫来了，急忙捡起石头朝响尾蛇砸去，青蛙这才捡回了一条命。

青蛙想不通，满脸疑惑，问花猫：“为什么你叫一声，就能把老鼠吓瘫了。我学你拼命地叫，响尾蛇为啥不怕我呢？”花猫说：“老鼠怕我，不是因为我的叫声有多厉害，主要是怕我锐利的眼睛和尖利的爪子。我如果没有一点儿本领，成天坐在那里叫，声音再大，也没有一只老鼠怕我！”

青蛙听了，明白了其中的道理。这个道理可是它差点儿用命换来的。

青蛙的鸣叫声很单调，甚至有些难听，但通过《虾蟆、蛙黾与晨鸡》和《青蛙学话》这两个故事，我们可以懂得：

第一，多说话不一定有好处，只有在适当的时候说话，才是明智的。

第二，话语的分量不在于声音有多厉害，而在于说话人具备的能力和实力。

有国于蜗之左角者，

曰触氏；

有国于蜗之右角者，

曰蛮氏。

08 蜗牛

小时候，特别是阴雨天的晚上，总能在墙角、树干、缸沿，或其他地方发现一些蜗牛：一种是带壳的——说它是头牛，不会拉犁头，说它力气小，背着屋子走；另一种是不带壳的，叫它赤膊蜗牛，经常会出现在家中水缸的内壁上，令人生厌。于是，用筷子搛它下来，在它身上撒一些盐，把它化掉。后来才知道，赤膊蜗牛学名叫蛞蝓（kuò yú），俗称鼻涕虫。广义地说，蜗牛包括蛞蝓，而在古代，人们也称蜗牛为蛞蝓。不过，我最喜欢的还是家乡方言，蜗牛叫移移螺。壳瘦长的，叫长脚移移螺；那没壳的，叫赤膊移移螺。

蜗牛行动极其缓慢，很容易就成了鸡、鸭、鸟、蟾蜍、龟、蛇或刺猬的食物，甚至连萤火虫都以蜗牛为食。难道蜗牛从来就这么弱吗？人们借歇后语“蜗牛背房子——白受苦”展开了想象。

蜗牛和黄牛

传说，蜗牛和黄牛是亲弟兄，蜗牛还是哥哥，黄牛是小弟，它们的性子大不一样。蜗牛成天躲在家里睡大觉，懒得啥都不愿做；黄牛从小爱干活，勤快，惹人爱。

时节到了，别家都在播种了，可自家的地还没犁呢。牛爸爸急得扛着犁头去地里，大声喊：“蜗牛，蜗牛！快来犁地！”蜗牛躲在家里假装睡觉，就是不出来，它觉得干活太累了。黄牛听爸爸一喊，赶忙跑到地里，对爸爸说：“爸爸，爸爸！我来帮您犁地吧！”

“孩子，你还小，不会犁！”

“爸爸，我不会，您可以教我啊。我能学会的。”

“唉！大的不来，小的来了！”爸爸叹口气，给黄牛套上犁头，教它犁地。现在陕南地区的孩子，捉到蜗牛玩时，口

里不歇声地喊："蜗牛、蜗牛，犁地来，大的不来，小的来！"据说就是那时候传下来的。

黄牛很用心，一学就会，真的帮了爸爸不少忙，种子总算按着时节播下去了。黄牛爱干活，又求着爸爸教它拉磨。

后来，牛爸爸死了，黄牛成天不是犁地，就是拉磨。蜗牛还是整天躲在家里睡大觉，啥都不做，还要黄牛养活它。

俗话说："懒人，身懒心不懒。"这是真话。蜗牛成天睡觉，可哪有这么多瞌睡？它睡不着就胡思乱想。某一天，它忽然担心起来：天没有钩子挂住，也没有柱子撑着，要是塌下来，还能活命吗？它越想越怕，越怕越想，总得想个办法出来吧。绞尽脑汁，它终于想到了：在床边修间小石屋，天塌下来时，躲到里边准保险。

蜗牛来劲啦！它没日没夜地搬石运砖修石屋。人们看它这么辛苦，就问："你修石屋干啥呢？"

"天塌下来好躲哩！"

人们听了都笑它说："蜗牛蜗牛白受苦，天塌石屋也挡不住！"

但蜗牛不信大家的话，它只相信自己，所以还是忙着修石屋。

石屋修成了，它又回到了之前那个状态，成天背着板床睡大觉，啥都不做，连吃饭都要黄牛给它端来。

黄牛看哥哥这样又懒又怕死，便劝道："哥哥，哥哥！咱们一起去犁地吧！"

蜗牛有气无力地说："你爱犁地你去犁，我怕天塌我不去！"

黄牛劝不醒哥哥，心里有些上火，便说："我看天塌砸不死你，将来非饿死你不可！"

蜗牛一听弟弟敢咒它"死"，生气了，抓起一块石头，就向黄牛砸去。这块石头打在黄牛的嘴巴上，把黄牛的门牙全打落了，害得黄牛现在都没有门牙。这下可把黄牛惹恼了，一犄角便向蜗牛牴来，"哗啦"一声把房子牴垮了。砖瓦屋梁一齐朝下塌，吓得蜗牛真以为天塌了，一头就朝石屋里钻，从此再也不敢走出石屋一步。

黄牛离开了蜗牛。蜗牛没人养活了，只好背着石屋到处爬，饿了，找点儿青苔、嫩草吃。这样背背背，爬爬爬，压得身子缩成指甲盖儿大，但还是不醒悟。

不醒悟的蜗牛，还有一只。这只蜗牛有翅膀，会飞，得过飞行冠军。这让它很得意，真是"一次得奖，一辈子都要讲"。它唯恐别人不知道它是飞行冠军，成天把奖杯背在身上。可奖杯实在太重了，背着奖杯压根儿就飞不起来了。干脆，它不飞了，晚上还住在奖杯里。最后，它的翅膀退化了，身体与奖杯分不开了，沉重的奖杯变成了坚硬的外壳，它只能勉强地从硬壳里伸出头来，在地上慢慢地爬行。

因为懒惰，因为骄傲，两只蜗牛背上了重重的壳。也有人说，可能是因为蜗牛的眼睛被狼先生骗走了，所以它才爬得这么慢。

狼先生遇到蜗牛先生

狼先生年事越来越高，它不得不愈加重视自己的安全问题。它已经在一个美丽的山谷里走了好几个小时，直到它碰到一棵大树。狼先生累极了，想休息一会儿，但是它得找一个安全的地方。于是，狼先生非常温和地对那棵树说："请您敞开胸怀，让我在您的保护下休息一会儿吧。"

于是，那棵树敞开胸怀让狼先生钻进去休息，之后还关上了门，以保证狼先生的安全。狼先生睡了好几个小时，在它醒来之后，便忘记了自己当初说了什么才让树打开门的。它就说："让我出去，树先生。"但是没有作用。它又说："现在让我出去！"还是不起任何作用。树先生甚至都没吱声。

狼先生敲了敲那棵树，树还是没有打开门。其实呢，是因为狼先生没有像第一次那样向树先生说"请"，这让树先生不高兴了。于是，树先生就让狼先生在里面多休息一会儿，作为惩罚。

好多鸟听到狼先生在树里面拍打树的声音，它们便落在树枝上想帮狼先生出去，但是它们太渺小了，而树如此巨大。啄木鸟先生下来在树上啄了个洞。虽然没啄出来多大个洞，却把啄木鸟先生的嘴巴弄弯了！这意味着它不能再继续凿洞了。

狼先生把一只手伸到洞外，但是它还是出不去。他尝试着用脚，也没有成功。啄木鸟先生的嘴巴弄弯之后，狼先生不得不想其他办法出去。它想，天无绝人之路。“放我出去，你这棵可憎的树。”狼先生嚎叫，仍旧无济于事，它的周围一片寂静。

接着，狼先生试着把头穿过那个洞，但是洞太小了。它的耳朵也碍事，所以它取下了耳朵，把它们先送出洞外。它的眼睛也太大了，于是它又取下双眼，把它们送出洞外。

大乌鸦先生看到那双眼睛，飞下来把它们带走了，然后又飞回到很高的地方。那双眼睛如此漂亮，像天空一样蔚蓝，可得藏到一个秘密的地方。

狼先生最终把头穿过了那个树洞，然后爬了出来。一会儿工夫，它又变成了一只完整的狼。但是把头装好之后，它找不到自己的眼睛了，它马上意识到这下完了。狼先生在周围找了半天，也没找到。

狼先生想，不能让其他动物知道自己没眼睛了。它摸索着到了一片很大的玫瑰丛中，取了两片花瓣来做它的眼睛。这样可以在一小段时间里，掩饰它没了眼睛的真相，随后它又去找它的眼睛。

蜗牛先生看到狼先生用两片花瓣放在眼睛那里，就好奇地问：“您为什么把花瓣放在眼睛那里呢？”

狼先生回答：“因为它们太漂亮了。你看，这颜色多可爱啊！如果你想试试，我可以为你拿下你的眼睛，把花瓣放到你的眼睛上试试。”

蜗牛先生取下自己的眼睛，放到狼先生的手里，然后拿了两片花瓣放到眼睛的位置上。狼先生把蜗牛先生的眼睛装好之后，摇摆着长尾巴跑了。

从此以后，蜗牛先生总是一边爬一边低着头找它的眼睛。尽管狡猾的狼先生骗到了蜗牛先生的眼睛，但他再也没有漂亮的蓝眼睛了，因为乌鸦先生把那蓝眼睛藏得太隐蔽了，以至于连他自己都忘了到底藏在哪儿了。

其实，蜗牛是有眼睛的，就长在它那触角的尖尖上，只是人的肉眼不容易看清，所以人们误以为蜗牛没有眼睛。庄子的想象很奇特。他说，在蜗牛的触角上有一个国家……

蛮触之争

有国于蜗[①]之左角者，曰触氏；有国于蜗之右角者，曰蛮氏。时相与[②]争地而战，伏尸数万，逐北[③]旬有五日[④]而后反[⑤]。

（摘自《庄子》）

注解

①蜗：蜗牛。

②时：时常，经常。相与：相互。

③ 逐北：追击败兵。

④ 旬有五日：一旬十天，加五天，即半个月。

⑤ 反：通“返”，返回。

译文

有一只蜗牛，它左边触角上有一个国家，叫触国；它右边触角上也有一个国家，叫蛮国。这两个国家，为了争夺土地，经常彼此厮杀，直杀得尸横遍野，血流成河；追击败兵，至少要半个月，才肯收兵回国。

我读过这篇古文之后，记住了“蛮触之争”这个成语，还编了一个故事——《蜗牛的难题》。

阳光灿烂，蜗牛爬在树干上，伸着两只触角，一动不动，像尊雕像。

蚂蚁忙忙碌碌在搬家，经过蜗牛身边好几回，忍不住好奇，停下来问蜗牛：“嘿，牛哥，你怎么不动啊？”

蜗牛斜着眼，嘴巴裂开一条缝，挤出一句话：“唉！小老弟，我听说，我的触角上有两个小人国，住着好多人呢！我不敢动啊，怕伤害到他们。”

“那怎么办呀？”蚂蚁也担心起来，“现在太阳这么猛，那些小人会被晒干的；过会儿还要下大雨，那些小人会被冲走的。”

“是啊！你说得很对，那怎么办呀？”听了蚂蚁的话，蜗牛更担心了。

“最好的办法，只能是把触角收起来，缩进你的大房子里去，这样那些小人就不怕太阳晒，也不怕风吹雨打了。”

“看来也只能这么办了！”说着，蜗牛小心翼翼地收起了触角，缩进了硬壳里。然后，他就这么一动不动地待着。

很快，乌云遮住了太阳，黄豆大小的雨滴落下来，砸在蜗牛壳上。蜗牛紧紧趴在树干上，心里有一个坚定的声音：一定要保护好那些小人。

雨过天晴，一条绿色的胖得发亮的大青虫一拱一拱地爬到蜗牛身边。他气喘吁吁地跟蜗牛打招呼：“嘿，牛哥，雨都停了，怎么还躲在房子里啊？赶紧爬到枝头去吃嫩叶呀！一场大雨，帮我们把叶子都洗干净了，想想都觉得很好吃呢！”

“你不知道，我的触角上有两个小人国，住着好多人呢！我不能出来，太阳会把他们烤干的，我得保护他们。”蜗牛的声音轻轻地从硬壳里溜出来。

“谁说你的触角上有小人国啊？这么重要的新闻，我怎么从来没听说过？《森林报》的美女记者花蝴蝶怎么不来采访报道啊？”大青虫不大相信蜗牛的话，在调侃他呢。

“我也刚听说不久，是一个叫庄子的哲学家说的。哲学家，你知道吗？他们说的话都是很有道理的。”蜗牛的语气里带着一点儿骄傲。

“哦——”大青虫开始严肃起来了，“可是，你一直待着不动会饿死的呀！你死了，你触角上的那些小人就失去了家园，他们也会死掉的。”

蜗牛还没想过这个问题，听大青虫这么一说，他突然变得很紧张。他用最慢的速度钻出来，伸出了触角，问大青虫：“那怎么办呢？”

“你只有把自己照顾好，才能照顾好那些小人。”大青虫给出了建议，但这个建议等于没有回答。

这时，刚才那只蚂蚁领着伙伴们从树枝上爬下来，他们排着整整齐齐的队伍，每只蚂蚁都背着一片小小的嫩嫩的树叶——他们来给蜗牛送吃的了。

他们用叠罗汉的方法把树叶送到蜗牛嘴边，这样蜗牛不用动，只要轻轻张嘴，就能吃到食物。

蜗牛吃得很慢，咀嚼得很轻。等蜗牛吃完了树叶，那群蚂蚁和那条大青虫都围在蜗牛跟前，帮蜗牛想办法。好久好久，谁也没有想出办法。蜗牛还是那样一动不动，像尊雕像。幸好雨后的太阳不是很猛烈，还有阵阵凉爽的微风吹来。

“总不能天天给他送吃的来吧！”其中一只蚂蚁小声嘀咕了一声。但因为太安静，即使这么小声，大家也都听得清清楚楚。

蜗牛也不愿麻烦人家，可他的触角上有两个小人国，住着好多人，他要保护他们。该怎么办呢？

“我也不愿意一直待在一个地方，我想那些小人也不愿意一直待在一个地方。世界这么大，路上的风景多美呀！”蜗牛叹着气，好像他从此失去了旅行的权利。

“对啊，对啊！路上的风景多美呀！世界那么大，等我变成了飞蛾，我就可以去更远的地方了……”大青虫说得很陶醉。蚂蚁翻着白眼，悄悄咬了大青虫一口，大青虫才意识到自己说错了话，乖乖闭上了嘴。

蜗牛的脸色变得很难看，好像遇到了一道没有答案的题目。他又缓缓收起了触角，缓缓缩进硬壳里面去了。

蚂蚁挥挥手，让他的伙伴们先回去。大青虫肚子饿得咕咕叫，但他不能就这么走了，他得帮蜗牛想出一个办法来。

树叶上有一滴水珠骨碌碌地滚下来，在树干上留下了一条长长的湿痕，像是脸颊上滑过的一滴眼泪。“有办法了！有办法了！”大青虫叫喊起来。

“快说，快说。”蚂蚁也激动起来。

大青虫清了清嗓子：“牛哥，你爬慢一点儿，触角伸慢一点儿，动作轻一点儿，反正做什么都慢一点儿、轻一点儿，那些小人就不会受到伤害……”

大青虫正说得起劲，一只蚂蚁狠狠地咬了他一口：“你这办法没有用。万一有小人从触角上掉了下来，他怎么回去呢？”

“我话还没说完呢！说完了再咬我也不迟啊！”大青虫皱着眉，嗔怪地瞪了蚂蚁一眼，继续说，“牛哥啊，你听我说，你动作慢一点儿、轻一点儿，一般不会有小人掉下来。万一有小人掉下来，你在爬过的地方做个记号，他们就能找到回家的路了。”大青虫为自己想到了这样一个办法而满意——不，是得意。

蚂蚁也觉得这是一个不错的办法，但是他又想到了一个问题：“那用什么做记号呢？”

蜗牛慢慢地从房子里钻出来，说：“我可以用我身体里的黏液做记号。”说着，蜗牛缓缓地向前爬了一小段，在他的身后有一条黏液留下的记号。这记号，在阳光下，闪闪发亮。

大青虫和蚂蚁一齐欢呼起来。

青虫的肚子饿得咕噜噜地叫起来了，他高兴地说：“我们一起去枝头吃嫩嫩的叶子吧，想想都觉得很好吃呢！”

他们三个一起向上爬去，蚂蚁爬第一，青虫爬第二，蜗牛爬第三。一路上，蜗牛都用黏液做下记号，那是一条闪光的路，一条让小人找到家的方向的路。

蜗牛是一种常见的软体动物。人们觉得蜗牛的“慢”是不好的，但换一个角度去想，“慢”真的不好吗？好与坏，取决于我们看待它的态度。张文亮的《牵一只蜗牛去散步》中写道：上帝给我一个任务 / 叫我牵一只蜗牛去散步 / 我不能走太快 / 蜗牛已经尽力爬 / 为何每次总是那么一点点……

我想，做一只蜗牛，很慢，但背后是一条闪光的路，而且，世界越来越大。

鱼不畏网罟，
而畏鹈鹕，
畏其天也。

60 蜈蚣

在乡村，蜈蚣很常见，搬开墙角的石头，或抖一抖积满灰尘的旧鞋，都可能与它不期而遇。惊吓之余，人们会脚踩，或抄起家伙对付它，然后“咯咯咯”地叫，老母鸡循声奔来，满足地把蜈蚣吃掉。为什么鸡爱吃蜈蚣呢？有这样一个故事。

龙、蜈蚣和鸡

龙和蜈蚣是亲兄弟。这对兄弟和公鸡、母鸡这对夫妻是老邻居，大家相处和睦。

有一次，天宫要排十二生肖。龙想起公鸡头上那对威风凛凛的角，便跑去找鸡夫妻，恳求说：“我要上天宫去排十二生肖，想有个好模样，特来借鸡公公头上的那对角戴一戴，排完生肖后立即送还。”鸡夫妻商量了一会儿，对龙说：“其他好说，有借有还。只是，这头上的角哪能随便动呢！”

龙见鸡夫妻没有答应，便与弟弟蜈蚣商量办法。蜈蚣说：“鸡公公是怕你借了不还，我去做担保，让他们放心。”于是，蜈蚣替哥哥去求情，并立下了保证。鸡夫妻相信了蜈蚣，把公鸡头上的一对角取下，只剩下一个红冠。

龙把借来的角戴到头上，乘兴飞到天宫。天官看到龙相貌威武，准备排它在十二生肖之首。可是，老鼠在天官耳边窃窃私语，揭穿龙角的秘密，结果老鼠得了头功，排在十二生肖的首位，而龙只排在第五位。一气之下，龙调头飞去别处云游了，也忘了要把角还给公鸡。

公鸡发现龙在天上云游，连忙伸长脖子啼叫：“龙哥哥，龙哥哥！”公鸡想到那对角已经戴在人家头上，要回来不容易，所以客气地称龙为哥哥。谁知龙却装聋作哑，毫不理睬。母鸡很生气，不客气地向龙讨角，连连呼喊：“角、角、角！”龙一听不妙，逃得无影无踪了。

鸡夫妻找不到龙，很生气，想来想去，只有找龙的弟弟蜈蚣。蜈蚣因为做过担保，现在哥哥失信，连累了自己，心里感到理亏，不敢出来见鸡夫妻，常常躲在阴暗的角落里过日子。

从此，鸡夫妻恨死了蜈蚣，发誓一碰到蜈蚣，就要把它吃掉。蜈蚣当然想逃，可它长了一百只脚也不管用。

蜈蚣和龙是亲兄弟？怪不得蜈蚣有个别名叫“天龙”！不知道它与“地龙”蚯蚓是什么关系，大可做一番联想，或许能灵感如泉涌，编出一个好故事呢。

平常，我们对蜈蚣并没有什么好感，但看完《龙、蜈蚣和鸡》这个故事，你是不是已经有点儿同情蜈蚣了呢？觉得它既无奈又无辜，为它抱不平，但话到嘴边又说不出口，毕竟它替龙向鸡夫妻做了保证，当然得承担责任。不过，等你看了下面这个故事，一定会被蜈蚣的行为感动，甚至会改变你对蜈蚣的看法！

蜈蚣庙

从前，有个读书人，不爱读书，爱养宠物。他养的宠物可不是猫猫狗狗，而是蟋蟀、螳螂之类的小昆虫。有一天，他在乱石堆里捉到了两条蜈蚣——全身黑里透红，油光发亮，足有五寸多长，这便成了他的新宠物。他对蜈蚣很好，好到什么程度呢？一碗饭，自己吃一半，另一半给蜈蚣吃。哪怕自己饿肚子，也不愿蜈蚣饿肚子。所以，两条蜈蚣被他养得特别壮。

在大人的劝诫下，他终于明白自己这般玩物丧志是不行的，还是要好好读书啊！所以，他开始用功读书。因为脑子灵活，记性又好，所以进步很快。当然，他还是很爱那两条蜈蚣，不仅细心喂养它们，连上学读书也把它们带在身边。

冬去春来，这两条蜈蚣长到一尺余，好像是两把锋利的锯子，人们见了不禁要生出鸡皮疙瘩来。这一年，读书人进城赶考。当然，不忘带着他的蜈蚣。一路上，多是崎岖山路，有的路段细如羊肠。突然，他听到有人喊他的名字。回头看去，四周都是青山，并没有人影。他心想，可能是听岔了吧。再走一段路，他又听到有人喊他的名字，这回听得清楚，应该是一位女子在喊他，可回头看去，还是不见人影。前方，夕阳已挂在山顶树梢上，快要落下去了。他摇了摇头，怀疑自己最近复习太用功，产生幻听了。赶紧找店歇息吧，不远处就有炊烟，他加快了脚步。

刚进店，他还没开口呢，老板先问他："来的路上，有人喊你的名字吗？"

"有呀！两回。可回头看去，什么都没有。再说，这里也没人认识我啊。"

"那你应了吗？"

"应了。"

老板皱起眉头来，说：“那你赶紧走吧，晚上就不要在这里过夜了。我给你一盏灯笼，你能走多快就走多快，能走多远就走多远。”

读书人纳闷了：“这是为什么？”

“客人啊，实不相瞒。很早以前，附近有一条十几丈长、水桶粗的蟒蛇，专吃外地过往客人，不知多少人在此断送了性命。现在大蟒蛇成精了，更叫人提心吊胆。每当客人经过此地，它总是学着人语，高声地呼唤客人的名字，如果客人回答了它，就要没命。所以，客人啊！你还是走为上计。”

读书人听得毛骨悚然，但是天色已晚，走也不是办法。又一想，自己连一只母鸡都抓不牢，怎么可能逃得过蟒蛇精的追踪呢！忽的，他想起之前看过的一本奇书，里边记着对付精怪的方法，他决心试一试。于是，他请求老板说：“事到如今，我也不敢连累老板。晚上，我就在野外停歇吧。只是麻烦老板，借给我十张八仙桌、十斤菜油、五斤灯芯、一个大钵。”老板一一照办。读书人把十张八仙桌搭起来，足有三丈多高；菜油灌入钵内，多放灯芯，放上最高桌位，点燃，把四周照得通明。然后，他把笼子里的蜈蚣放了出来，吩咐道：“蜈蚣呀蜈蚣，我把你们从小养到这么大，现在我遇难受险，也许不能继续喂养你们了。你们出笼后能否助我一臂之力，保佑我安全进城赶考？事后我定当报答。”说完，读书人蹲在桌下，窥视动静。只见那两条蜈蚣上上下下在高桌上不停地巡游，一刻也不肯停息。

夜晚，狂风大作，飞沙走石，一条庞然大物随风而至。凶恶的蟒蛇精看见高桌上的灯火，“唰”的一下竖起脖子，张开血盆大口，要把大火吞灭。一条蜈蚣趁机跳进蟒蛇口，像一把钢钳似的死死钳住蟒蛇精的舌头。另一条蜈蚣向蟒蛇精的两只大眼猛扎下去。蟒蛇精经不起两条蜈蚣的攻击，全身麻木无力，无法施展恶术，直到深夜，大蟒蛇筋疲力尽，再也不能动弹了。

天亮了，老板急着探望客人，刚出门，大吃一惊。只见蟒蛇精一动不动地躺在草地上，张着大口，两条蜈蚣也拼死在草地上。读书人躺在地上，早已吓昏过去。老板把他背进小店，往他嘴里灌热汤，过了好一会儿，才醒过来。

后来，读书人高中状元，衣锦还乡，路过旧地时，为了报答蜈蚣的救命之恩，在那儿建造一座大庙，取名为蜈蚣庙。

你被这个故事感动了吗？“蜈蚣报恩”的故事流传很广，仅在浙江省就有十多个版本，在其他省也有不少版本，但故事情节大同小异，都体现了人们对蜈蚣的崇敬！在浙江永康方岩，至今还有蜈蚣庙，供奉蜈蚣神，是当地著名的旅游景点。

撇开这些不说，我们单看蜈蚣的本领——两条蜈蚣能战败蟒蛇精，那得多厉害啊！但你绝对想不到，蜈蚣竟然斗不过鼻涕虫。这是怎么回事呢？

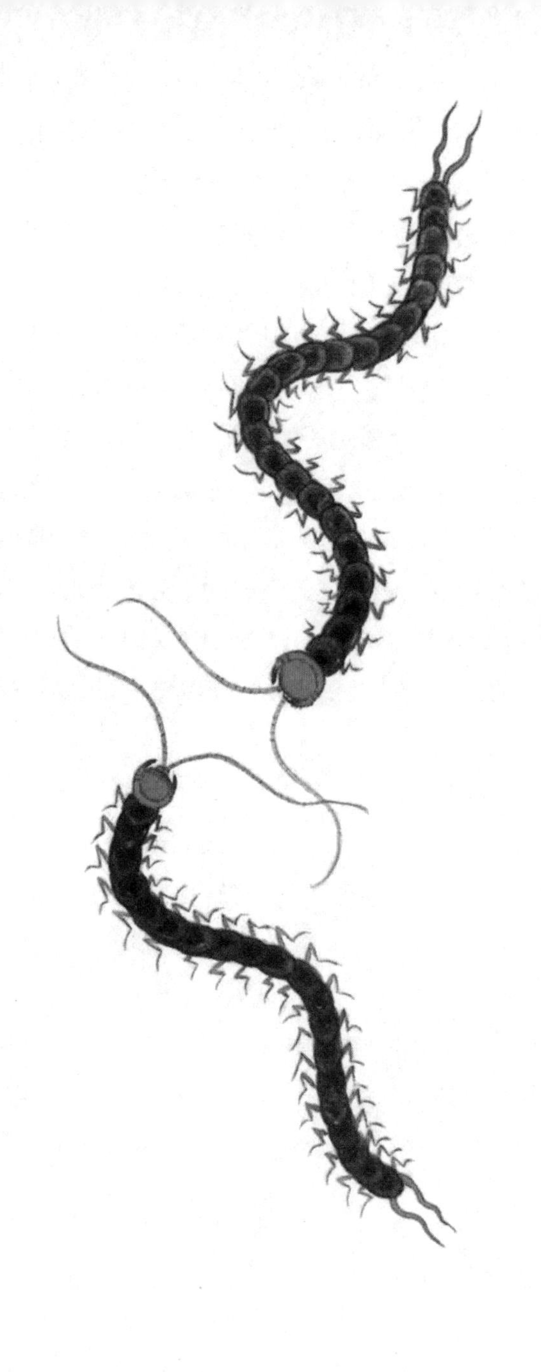

即且[1]行于煁[2]，见蛞蝓[3]欲取之。蚿[4]谓之曰："是小而毒，不可触也。"即且怒曰："甚矣，尔之欺予也！夫天下之至毒莫如蛇，……而吾入其肮[5]，食其心，……夫何有于一寸之蜿蠕[6]乎？"跂[7]其足而凌之，蛞蝓舒舒焉，曲直其角，呴[8]其沫以俟[9]之。即且黏而颠，欲走则足与须尽解解[10]，朒朒而卧，为蚁所食。

（摘自刘基《郁离子》）

注解

①即且：蜈蚣的别名。

②煁（chén）：炉灶。

③蛞蝓（kuò yú）：俗称"鼻涕虫"。

④蚿（xián）：一种虫，叫马陆，俗称"千足虫"。

⑤肮：喉咙。

⑥蜿蠕：爬行蠕动。这里指鼻涕虫。

⑦跂（qì）：抬起脚后跟站着。

⑧呴（xǔ）：吐。

⑨俟（sì）：等待。

⑩解解（xiè jiě）：分解开。

译文

蜈蚣爬行在炉灶上，看见鼻涕虫，想要捉住它。千足虫劝蜈蚣说："这虫子虽然很小，但毒性可大了，千万别去碰触它。"蜈蚣怒道："你太过分了，竟敢欺骗我！天底下最毒的东西就是蛇了，然而我却能钻进它的喉咙，吃它的心。对这一寸来长的鼻涕虫，有什么可害怕的呢？"说着，蜈蚣抬起脚后跟站着，欺负鼻涕虫。鼻涕虫舒展了身子，一曲一伸它的触角，吐着唾沫正等着蜈蚣呢。结果，蜈蚣一下子被鼻涕虫的唾沫粘住了脚，跌倒了，它想逃走，但脚和头须已经和身体分开了。无能为力地躺在那里，最后，蜈蚣被蚂蚁吃掉了。

常言道，骄兵必败。蜈蚣连最毒的蛇都不怕，但天外有天，目空一切，只会给自己招来麻烦。我们在生活中，要听取别人的经验，不可狂妄——蜈蚣死于鼻涕虫之手，最终被小小的蚂蚁吃掉，这值得我们深思！

在我的家乡，有一个习俗：炒鸡蛋是不能放过夜的，必须当天吃掉；如果吃不掉，即使留到第二天早上，也只能倒掉。因为夜里会有蜈蚣爬过炒鸡蛋，而蜈蚣有毒，被蜈蚣爬过的炒鸡蛋自然也有毒了。小时候，我总是想，如果把炒鸡蛋放在冰箱里，蜈蚣根本爬不进去，这样也不能吃了吗？可长辈说，不管把炒鸡蛋放在哪里，夜里都会有蜈蚣爬过。我想不明白，觉得蜈蚣是一种神奇的动物，直到我看了民间故事《蜈蚣精》之后，才理解了家乡的这个习俗。

蜈蚣精

从前，德兴香屯有一对老实过日子的年轻夫妻，家里很穷，住的是茅草棚。

有一年清明节，别人家都用米酒、猪肉祭祖先，他家里买不起肉，妻子就煎了家里老母鸡生的两个蛋当肉使。一个鸡蛋里能孵出小鸡来，确实也是肉啊！祭过祖先后，妻子就把蛋让给辛苦一年的丈夫吃。可不知道什么原因，丈夫第二天就死掉了。

邻居听到这个事，都说是妻子害死了丈夫，于是就把妻子抓起来送到衙门里去了。县官老爷刘志清审这个案子。刘老爷是个清官，他一见到她，就看出她不像是会害丈夫的女子，也就不打她，不骂她，而是好声问她丈夫死的那天发生了哪些事情。后来，他又让她在家里再煎两个蛋，还是跟那天一样放好，关起门出去。过了一夜，他叫人把那个蛋拿去给狗吃。结果，狗吃了，当天就死了。刘老爷明白了：那位丈夫不是他妻子害死的。他就给了她几个钱，一把火烧掉了茅草棚。

原来，她家茅草棚上有一对蜈蚣，成了精。蜈蚣看到鸡蛋就想吃，但因蜈蚣怕这家的鸡，不敢下来，只好对着鸡蛋流口水。她的丈夫就是吃了沾了蜈蚣口水的鸡蛋才死的。那条狗也是这样死的。

茅草棚烧掉了，可惜只烧死了公蜈蚣精，母蜈蚣精逃走了。这母蜈蚣精见公蜈蚣精死了，决心要报仇。它跑到京城，把正宫娘娘迷到冷宫里，自己变成正宫娘娘。它装病，对皇帝说，它这个病只有吃一个大臣的七窍玲珑心才医得好。皇帝又不晓得哪个大臣是七窍玲珑心，就下圣旨把大臣们一起叫到皇宫里来，让“正宫娘娘”选。真是个糊涂的皇帝啊！

县官刘老爷烧了茅草棚没几天，就接到召他进京的圣旨，赶忙上路了。

有一天，他路过一家酒店，就进去歇歇脚，解解渴。一走进去，就有一只好大的公鸡迎过来，还围着他打圈圈，样子好亲热。店老板看到了，就说：“老爷，看来你是个好人哪！我这只大公鸡，只有遇到大好人才会点头的。我就把它送给你吧。”刘老爷对大公鸡指了指官袍的大袖筒说：“你真的把我当好人，就跳到我的袖筒里来吧。”说来奇怪，那只大公鸡真的跳了进去，刘老爷就把它带走了。

走在路上，那只大公鸡说话了：“刘老爷，你烧死了公蜈蚣精，母蜈蚣精跑到皇宫里去，做了正宫娘娘。这一次叫你进京就是要吃你的心。”

刘老爷一听，吓出一身冷汗。没想到这次去京城竟然是去送命的，可如果不去京城，违抗了圣旨也是死路一条，这可怎么办呀？

大公鸡安慰他：“你不要怕，我会保护你的。你跟皇帝说，只要叫正宫娘娘出来见一面就好了。”

等刘老爷进了皇宫，别的大臣早就到了。皇帝对刘老爷说：“正宫娘娘生病了，她说只有你的心才医得好她的病。”

刘老爷说："要我的心可以，但要先请正宫娘娘出来见我一面。"

皇帝满足了刘老爷的请求。"正宫娘娘"没有办法，只好出来。大公鸡从刘老爷的袖子里跳出来，"正宫娘娘"一看到大公鸡，就全身发软，瘫在地上。大公鸡飞奔上前，一下就啄住了"正宫娘娘"，"正宫娘娘"立刻就变成了一条好长好长的大蜈蚣。顿时，皇帝和大臣们都吓傻了，呆呆地看着大公鸡啄着蜈蚣飞走了。

好一会儿，大家才回过神来。刘老爷问皇帝："您还要我的心吗？"皇帝一句话也讲不出来了。

幸好有了大公鸡的帮助，刘老爷这位清官才躲过了劫难。为什么蜈蚣精一见到大公鸡就全身发软，瘫在地上呢？因为鸡是蜈蚣的天敌。蜈蚣碰上鸡，往往会成为鸡的美食，它怎么可能不怕呢？在古人的记载中，我们能够看到蜈蚣害怕的不仅是鸡，它还害怕蜘蛛呢！

物畏其天

苏辙[①]曰："鱼不畏网罟[②]，而畏鹈鹕[③]，畏其天[④]也。"

一村叟见蜈蚣逐一蛇，行甚急，蜈蚣渐近，蛇不复动，张口以待。蜈蚣竟直[⑤]入其腹，逾时[⑥]而出，蛇已毙矣。村叟弃蛇于深山中，越旬往视之，小蜈蚣无数食其腐肉。盖[7]蜈蚣产卵于蛇腹中也。

又尝见一蜘蛛，逐蜈蚣甚急，蜈蚣逃入篱抢竹[8]中。蜘蛛不复入，但[9]以足跨竹上，摇腹数四而去。伺蜈蚣久不了，剖竹视之，蜈蚣已节节烂断矣。盖蜘蛛摇腹之时，乃洒溺[10]以杀之也。

物之畏其天有如此奇者也。

注解

① 苏辙：北宋著名文学家，苏轼的弟弟。

② 网罟：捕鱼的网。

③ 鹈鹕：一种善于捕鱼的鸟。

④ 天：天敌。

⑤ 竟直：竟然。

⑥ 逾时：过了一会儿。

⑦ 盖：原来。

⑧ 抢竹：乱竹丛。

⑨ 但：仅仅。

⑩ 溺：尿。

译文

苏辙说：“鱼不怕捕鱼的网，而怕鹈鹕，因为鹈鹕是它的天敌。”

村里的一位老人看见一条蜈蚣正在追一条蛇，爬得很快。蜈蚣渐渐靠近蛇，蛇不动，张开嘴巴等待，蜈蚣竟然钻进了蛇腹中。过了一会儿，蜈蚣出来了，蛇已经死了。老人将蛇扔到深山里，过了一些时日跑去查看，看到有无数小蜈蚣在吃已经腐烂的蛇肉。原来蜈蚣是在蛇腹里产卵。

还有人曾看见一只蜘蛛，快速追赶蜈蚣，蜈蚣逃入乱竹丛中。蜘蛛不再进去，仅仅在竹子上停留片刻，摇了摇小腹便走了。看到蜈蚣很久没有出来，把竹子剖开一看，蜈蚣已经一节节地腐烂断裂了。原来蜘蛛在摇腹部的时候，已经撒了尿将蜈蚣杀死了。

动物害怕它的天敌，竟有如此奇妙的事。

所谓天敌，即俗语“一物降一物”。这篇古文让我们见识了奇妙事——蜈蚣敢钻进蛇腹，却敌不过蜘蛛的一泡尿。如果我们用“一分为二的眼光”去看待蜈蚣，就会发现蜈蚣也不是一味地令人讨厌。它不仅是一味中药，能给人治病，更有奇事——它还“教”给人们一种神奇的接骨术。

神医蜈蚣

在金庸的武侠小说里，有一种神奇的膏药，叫黑玉断续膏——黑色的，用它可以把断了的骨头接上。哪怕你摔成了粉碎性骨折，没事儿，敷上黑玉断续膏，药到病除。

在民间故事里，有一位医生会接骨术，被人们誉为“接骨神医”。他会配制一种接骨的草药，对医治骨折有意想不到的疗效。奇怪的是，这接骨药方并不是他家祖传的，而是在一次偶然的情形下蜈蚣“教”给他的。

那天正午，阳光猛烈，这位出门行医的医生坐在山路边的一棵大树下休息。刚坐下没一会儿，突然间，一条二十多厘米长的大蜈蚣朝他爬过来。它瞪着小眼，两排长足在蠕动，摇头摆尾，令人心里发毛。医生担心被蜈蚣咬伤，就拔出长刀砍下去，把它斩成两截。因为蜈蚣的每一节都有神经节，所以蜈蚣被斩成两截后，神经节还会分别起作用，两截蜈蚣在不停地挣扎和蠕动。

又过了一会儿，他看见另外一条蜈蚣爬过来了。医生又举起了刀，但这一回他没有马上砍下去。蜈蚣看到自己的同伴已经奄奄一息，十分焦急，绕着两截断体转了转，然后用鼻子嗅了一下，便匆忙向草丛里爬去了。“蜈蚣在玩什么把戏？”有心的医生出于好奇放下了刀，但还是把刀握在手里。

不久，这条蜈蚣爬了回来，嘴里噙着一片嫩绿的叶子。医生仔细地观察它。只见这条蜈蚣把断体连在一起，将嫩绿的叶子贴在连接处的上面，然后安静地守在旁边。大约过了半个时辰，奇迹出现了：那条被斩成两截的蜈蚣竟然连成一体了。它慢慢地蠕动了几下，然后开始爬动。最后，它们一起爬进草丛，钻进了大树的缝隙中。

医生捡起留在地上的那片叶子，仔细辨认，发现它是一种树叶。于是，他采了很多这种叶子，背回家去。他想，如果这树叶能给人治病就好了！

一回到家，他就开始做实验：先将树叶捣碎，然后打断一只鸡的腿，将药敷上，用布条包好。过了三天，解开布条一看，鸡腿骨已经接起来了。后来，他把这种树叶用在骨折病人身上，也很有效果。于是，他就把这种树取名“接骨木”。

自然界充满奥妙。形形色色的生物，都有自己特殊的本领。只要我们仔细观察，就能从它们身上得到很多启示，然后大胆创新，改善我们的生活。即使做不到科学技术上的创新，在文学艺术上的钻研，也能带给我们极大的帮助。想当年，“扬州八怪”之一的郑板桥在盛京（今辽宁沈阳）生了病，花光了身边的银子。幸好，他得到店家的照顾，最终康复了，但欠下了一屁股债。怎么办呢？他画了一条蜈蚣送给店家，以示感谢。结果，“这条蜈蚣”卖了一百五十两银子……

夏蚊成雷，

私拟作群鹤舞于空中，

心之所向，

则或千或百，

果然鹤也。

10 蚊子

你以为只有夏天才有蚊子吗？其实，四季都有蚊子，天冷时少些，天热时多些。天冷时，不少蚊子正躲在室内比较暖和的地方，它们冷不丁就会飞出来饱餐一顿呢！不过，自从有了电蚊拍，对付蚊子就简单多了。

据说地球上有三千多种蚊子。蚊子有雌雄两类：雄蚊子不吸血，一生全靠吸食花果汁水、露水维持生命；雌蚊子嗜血如命，一只雌蚊子一次吸血的重量可以达到它自身重量的三倍。吸饱了，有力量，照样能飞起来。宋代文学家范仲淹曾写过“饱去樱颗重，饥来柳絮轻”，他用成熟的樱桃形容吸饱血的蚊子，真是太形象了！

说来奇怪，为什么只有雌蚊子嗜血呢？而且，在民间故事中，蚊子的来历大多与坏女人有关。难道古人早就知道吸血的是雌蚊子？

蚊子的传说

传说总是发生在很久以前。那时，在一条大河边住着一对年轻的夫妇。丈夫勤劳能干又善良，几乎每天都上山打柴，挑去集市卖钱过日子；妻子呢，相貌漂亮，却好吃懒做，一言不合就开骂，活脱脱一个泼妇。

有一天，打柴汉去深山里砍柴，那里去的人少，柴长得好，能卖得上好价钱。砍好柴，挑着柴担往家走，太阳快下山了。在山谷的小溪旁，他放下担子，去溪边喝口水，却见一位老人坐在溪边的石头上。他满头银发，衣衫破烂。打柴汉在这里砍柴多年，从未见过这位老人，便走上前去，关切地问道："老伯伯，您从哪里来到深山的啊？天快黑了，您在这里等什么人吗？"

"唉！"老人扭头看了一眼打柴汉，满面愁容地回答，"我是一个无依无靠的孤寡老人，现在无路可走，只有在深山里等死了。”

打柴汉听了老人的话很伤心，说：“那您就跟我回家吧。说实话，您长得跟我父亲有几分像，他去世多年了，我很想念他。您放心，您就住在我家，我会像对待自己的父亲一样服侍您。”

一听打柴汉这么说，老人也不客气，跟在打柴汉后面来到了大河边。

打柴汉回到家，那个睡了吃、吃了睡的泼妇，刚一觉睡醒。见来了个老人，她就追问缘由。打柴汉把实情从头到尾说了一遍。这泼妇听后，心想：我还以为他捡了个宝呢，谁知来了个吃闲饭的，还要长住下去，这怎么行！于是，她一有机会就指桑骂槐地破口大骂，老人听了心里非常难受。

半个月后，一天傍晚，在泼妇阴阳怪气地咒骂了一通之后，老人实在受不了，便起身离开了。碰巧，打柴汉挑着柴担回家，与老人碰上了。老人说话很直，说谢谢照顾，但要走了。打柴汉恳求老人再住一段时间，但不管怎样恳求，老人都不愿留下。打柴汉也没办法，心里无奈。老人伸手摸了摸打柴汉的额头，又像父亲那样拍了拍他的肩膀，说：“你的生活也不容易，如果以后碰上了什么难事，就坐船沿河而下，去蓬莱岛找我，我可以帮你解难的。”说完，老人一闪身不见了。打柴汉这时才发觉，老人可能是位神仙。

老人走后不久，那泼妇就生了病。打柴汉为了治好她的病，十里八乡请了不少郎中，可病情一直没有好转。他想起了老人临走时说的话，就变卖了家产，带着妻子乘船去找那位老人。路途上千辛万苦，但总算值得，他们终于找到了老人。老人对打柴汉说："你的妻子是一位狠心人，不要救了。"打柴汉再三恳求："请您救她一命，以后教她改恶从善就是。"老人见打柴汉苦苦哀求，就拿出银针在打柴汉的中指刺了一下，挤出三滴血，叫那泼妇吃了。真是神了，一会儿工夫，泼妇的病全好了，而且变得年轻了，更漂亮了。

按说经此一难，泼妇也该有所改变不是！但回到家乡后，她依旧好吃懒做，恶性不改，甚至变本加厉，整天打骂丈夫，嫌他人老家穷。这不是为了救她才把家底掏空的吗？

有一天，有位商人乘船经过这里，看见了这位年轻貌美的泼妇，立即命船夫停船，叫随从上岸请那泼妇上船去。从此，那泼妇再也不肯回家与打柴汉一起生活了。打柴汉太老实，一点儿办法也没有，只好又请那老人给他做主。老人气愤地对泼妇说："只要你还给他三滴血，什么都依了你。"为了享乐，泼妇答应了老人提出的要求。于是，老人拿出银针刺了泼妇中指，挤出三滴血。那泼妇便带着沉重的身体返回财主船上。打柴汉呢，跟着老人走了。

不久，泼妇旧病复发，很快便死去了，财主把她的尸体抛进了大河里。后来，泼妇的身体化作一只只蚊子。

直到现在，蚊子白天藏在阴沟暗角里，而夜间却哭哭啼啼地飞出来见人就叮，一心想要找到那位善良的打柴汉，用他的三滴血救活她的命。

庄子曾说："蚊虻噆（zǎn）肤，则通夕不寐矣！"（蚊子叮咬皮肤，整晚都睡不好觉啊！）这句话道出了多少人的切身感受啊！所以，自古以来，人们想出了很多驱蚊招数，比如，在室内养一些驱蚊草、食虫草、藿香、紫罗兰、薰衣草等植物，或是挂香囊、支蚊帐、熏艾草，甚至在家里放一口大缸，装些水，养青蛙。蚊子喜欢阴凉，一飞进缸里就成了青蛙的口中餐……不过，其中最有效的还是用烟把蚊子熏跑。

巧铁匠和蚊子

从前，有个铁匠，手很巧。他打出的镰刀飞快，头发丝落在镰刀上，立刻断成两截；他打出的菜刀耀眼光亮，夜间放在屋里，油灯都不用点；他打出的砍柴刀不仅好用，还辟邪，把它放在院门里，魔鬼不敢进家门，妖怪看见逃千里。人人都称他"巧铁匠"，人们请画画的把他的画像画下来，放在庙里当神仙敬奉。

一天早晨，巧铁匠的爹愁眉不展地把巧铁匠招呼到身边，哀声哀语地说："儿啊，大家都称你'巧铁匠'，把你当作神仙敬奉，你能不能治一治蚊子这个鬼东西哩？太阳一落，就成了蚊子的世界，它们伸着长嘴横冲直撞，随便乱咬，咬得我睡不好觉啊！"

当天夜里，巧铁匠的爹睡了个安生觉，蚊子没有咬他。原来，巧铁匠叮叮当当三两下就打了一个小小的铁夹子，戴在了蚊子嘴上。蚊子急了，向巧铁匠求情说：“我的好铁匠，求你卸下我嘴上的铁夹子吧。你算把我治服了！山上长着许许多多蒿子，请转告你爹，到了蒿子结籽的时候，把蒿子割下来，分开两股拧成火绳，放在太阳下晒干，到了晚上，把火绳拿到屋里点着，我就不敢再飞进你爹的屋里了。”

仁慈的巧铁匠答应了蚊子的请求，三下五除二卸下了蚊子嘴上的铁夹子。

蚊子以为它的如意算盘打成了，只要不咬巧铁匠他爹就是了，可它哪知道，飞遍九州大地，家家户户都点上了火绳。原来，巧铁匠不仅告诉了他爹，还让人人都知道蚊子害怕蒿子拧成的火绳。蚊子很生气，飞去问巧铁匠：“巧铁匠，你有多少爹啊？”

巧铁匠满不在乎，哈哈一乐说：“你说我有多少爹，就有多少爹！”

这“火绳”估计就是蚊香的老祖宗。不过，在古代还有一种神奇的驱蚊法——贴驱蚊符。它真的有效果吗？

驱蚊

一道士自夸法术高强，撇[①]得好驱蚊符。或[②]请得以贴室中，至夜蚊虫愈多。往咎[③]道士，道士曰："吾试往观之。"见所贴符曰："原来用得不如法耳。"问："如何用法？"曰："每夜赶好蚊虫，须贴在帐子里面。"

注解

①撇：画。

②或：有人。

③咎：责备。

译文

有个道士说自己法术高强，能画驱蚊符，驱蚊效果很好。有人请道士画了一张驱蚊符，贴在屋子里，结果到晚上蚊子越来越多了。第二天，这个人就去责备道士。道士说："我去你家里看一看。"进了屋子，看到那人贴的驱蚊符，道士说："原来是你把符的用法搞错了。"那人问："那该怎么用呢？"道士说："你每天晚上先把蚊子从蚊帐里赶出去，然后把符贴在蚊帐里面。"

这只是一个笑话，讽刺那些迷信的人。贴符怎么可能驱蚊呢？要相信科学，点蚊香、喷杀虫剂才能驱蚊！

我们想尽一切办法驱蚊，因为蚊子不仅会咬人，还会传染疾病。但换个角度想想，蚊子也是大自然的一部分，它能不能给我们一点儿有益的启示呢？

蚊子教训熊

强壮的大熊抓住瘦弱的兔子，揪着它的耳朵，把它折腾得半死不活。

兔子内心愤怒，但面上只有叹息："耳朵的伤会愈合，眼泪也会停止，可为什么要如此地折磨我，我有什么罪？大熊是森林里的王，力气也最大。而且，它与狼和狐狸都是'亲密无间'的好朋友，我又能依靠谁呢？"

"那你就依靠我呗！"茂密的芦苇丛里传出一个声音。

顺着这弱小的声音，兔子望去，原来是一只蚊子，正停在一片芦苇叶上。

"你能保护我吗？大熊身体那么庞大，力气也那么大，你只是蚊子，你能干什么？"

"它确实庞大，但我可以让它无法睡觉，不得安宁。难道你不知道我有这个本事吗？"

夏日里，在林中觅食的大熊准备休息一会儿，他来到一片草丛中，趴了下来。这时，它听到了嗡嗡声。蚊子先落在大熊的鼻尖上，然后一下子钻进了它的鼻孔里。懊恼却又无可奈何的大熊在草丛里打滚，它使劲用双掌打自己的鼻子，不一会儿就把自己打昏了。

等大熊醒来，天很黑了。可嗡嗡声仍然在它耳边响个不停，大熊害怕了：这家伙还要怎么折磨我？这时，蚊子在大熊的身边嗡嗡了一会儿，然后不见了。大熊以为蚊子飞走了，刚要起身，蚊子却悄悄落在熊的耳朵根上狠狠咬了一口。熊“噌”地从地上跳了起来，用右掌扇着耳朵，摇摇晃晃逃跑了，边跑还边哼哼：“它要吃了我，它要吃了我。”完全没了森林之王的风度。

蚊子紧追着大熊，那嗡嗡声使大熊无法安宁。四处逃窜的大熊来到一棵树下，筋疲力尽的它实在想休息一会儿，便头靠着树睡了过去。这时，鼻子上一阵疼，耳朵边充满了嗡嗡声，大熊糊里糊涂地爬起来又四处逃窜……

天亮了，太阳出来了，整夜没睡的大熊摇摇晃晃地走着。嗡嗡嗡，蚊子又来了，大熊吓得跌倒在地上，脑袋刚好撞在石头上，撞得眼冒金星。

躲在远处的兔子，流出了眼泪，轻轻说：“你真棒，我的好朋友！”

蚊子对熊说：“这回你明白了吧？以后不得再欺负兔子。它是我的好朋友。不然，我会让你没有安宁的日子！”说完，蚊子飞走了。

每年 4 月开始，蚊子慢慢多起来了；到 8 月中下旬，蚊子达到活动高峰。尽管它们寿命不长，雌性为 3 ~ 100 天，雄性为 10 ~ 20 天，但它们的数量实在惊人，再加上叮咬的威力，不免令人害怕。在民间传说中，蚊子还能攻夺城池呢！

攻夺“啪啪城”

春尽夏至。一天，野外的上空飞过一大群蚊子。它们的“嗡嗡”声实在恐怖，吓得正在戏耍的两只小兔子“哧溜”一下，逃进草丛里躲藏起来。过了一会儿，小兔子竖直耳朵张望，蚊子还在飞。两只小兔子心里咯噔一下，说道：“这群蚊子好多啊！不知它们从哪儿来，飞到哪儿去？它们的叫声多恐怖，会不会是哪儿发生了灾祸，会不会给咱们带来不幸？还是去问问蚊子吧！”说完，它们一同去问蚊子。

“喂，蚊子呀！你们乱哄哄地飞着叫着，去哪儿呀？”小兔子问道。

“兔子，你们问这个干什么？难道要我们跟你们一样，一年四季在这荒郊野外的草丛里，凄凉地生活吗？不，我们才不干哩。我们要去攻打一座城池，要去‘啪啪城’里过生活。”蚊子夸耀着，飞过去了。

原来，蚊子管人们居住的地方叫“啪啪城”。因为当它们落在人们的脸上、耳上、手上或其他裸露出来的部位上吸血时，人们便“啪”的一巴掌打死它们，扔在地上。

蚊子快飞到一个村子时，先在一片草丛和芦苇塘里扎下营寨，吸食草汁和芦苇汁。要是碰到刮风，它们便把身子紧紧地贴在草茎和芦苇秆上，还夸耀说：“嗬，要不是我们把你们抱住，你们早被狂风连根拔起，卷到七重天外啦！”风徐徐停止了，蚊子们对着草和芦苇，又自吹自擂起来：“假若没有我们，你们早就没命啦！”

一天，太阳快落山时，蚊子叽叽咕咕地说：“咳，咱们在这儿吸食了几天野草汁，嘴里苦涩涩的，还是去‘啪啪城’吸食人们殷红的鲜血，过过瘾吧。”说着，它们跟着一群牛羊来到村子上。从此，蚊子专找人吸血，每天都会被人啪啪啪地打死一批。

到了秋天，那群蚊子有一多半被消灭了。它们也觉察到自己的伙伴越来越少了，便又飞回自己的老巢——荒郊野外的草丛里。一天，蚊子“嗡嗡嗡”地飞着，半路上又碰到那两只兔子。这时，小兔子已经长成大兔子了，见蚊子稀稀拉拉的，问道：“喂，蚊子！你们去攻打‘啪啪城’时，队伍很庞大，如今咋寥寥无几了呢？‘啪啪城’攻下来了没有？你们其他的伙伴呢？”

这时，蚊子不害臊地夸海口说：“‘啪啪城’已经被我们攻下来啦！我们留下了一半伙伴在那儿维持秩序哩！我们这一批在攻城中出生入死，作战英勇，立下了赫赫功劳，现在飞回老家去享清福哩。”说完，蚊子飞过去了。

两只兔子虽然没有说什么，但它们却清楚地知道这句俗语：蚊子攻夺城池——不自量力。

好面子的蚊子，尽在兔子面前吹牛。不过，一物降一物，虽然蚊子在“啪啪城”里伤亡过半，根本不是人的对手，但是，蚊子对付老鳖很有一套，把它治得服服帖帖的。

鳖为啥怕蚊子

蚊子和老鳖原来是好朋友。老鳖在水里游，蚊子在水上飞，生仔在水里；老鳖到岸上生蛋，蚊子趴在草叶上歇脚，它们好得形影不离。

有一回，它俩在一块儿说闲话。蚊子说："咱俩该分个大小了。"老鳖说："是呀，我早就这样想。咱比本事吧，谁的本事大，谁当老大；谁的本事小，谁当老二。"蚊子说："看我的本事——皇帝为我夜夜愁，三宫六院任意游。哼着曲儿进罗帐，敢跟娘娘亲一口。你有这本事吗？不服咱们比试比试。"老鳖心想：罗帐就是挡你蚊子的，只怕你飞不进去，我倒能拱进去，就说："好！咱就比这个本事——谁能钻进娘娘的罗帐里，谁当老大。老二的子子孙孙都得听老大的。""行！就这么定了！"蚊子应得很爽快。

这天夜里，天气闷热，宫女们都扇着扇子在外边乘凉。蚊子和老鳖从水道眼儿里进了皇宫，来到娘娘的屋门口。谁知娘娘屋门的门槛儿特别高，蚊子飞进去了，老鳖怎么爬也爬不进去。蚊子飞到娘娘床前，见罗帐闪了个缝儿，飞进去在娘娘腮帮子上咬了一口。娘娘惊叫一声。宫女们听见了，慌忙跑过来，走到门口发现一只老鳖，就拿棍打。老鳖头一缩，赶紧滚进了屋旁边的藕塘里。

老鳖输了，只得当老二，子子孙孙都得听蚊子的。老鳖不服，蚊子就咬它。蚊子嘴里有毒，一咬老鳖，过不了多久老鳖就得死。所以，老鳖最怕蚊子了。

蚊子出手“狠毒”，不论对谁，哪怕是天王老子，它也“一视同仁”。唐代诗人白居易写道：“斯物颇微细，中人初甚轻。有如肤受谮，久则疮痏成。”被蚊子叮咬后，瘙痒难忍，挠破了还可能留下疮痕。这种经历，人们只要有过一回，便终生难忘，见着蚊子就打心眼里厌恶。据说，朱元璋当了皇帝之后，还记得小时候讨饭时，被蚊子咬得疼痒难忍！

镇蚊碑

这当然是传说了。明朝洪武年间，一个夏天的夜晚，朱元璋在南京皇宫里睡得正香。一只蚊子穿过帐子，在他的腮帮子上狠狠地叮了一口。朱元璋被蚊子叮醒了，赶跑蚊子之后，他想起了一件往事——在朱元璋老家凤阳以西，怀远县境内有一条小街，叫庙前街，他小时候常去那儿讨饭。那儿蚊子特别多，也很凶。有一年夏天，他在庙前街过夜，当时他还是个小乞丐，没有被子盖，没有衣服穿，还光着屁股，蚊子叮得他怎么也睡不着。早晨起来，浑身都是红红的大包，痒得难受，被他挠出血来。这件事使他终生难忘。

第二天上朝，朱元璋记着蚊子的事，特地派人前往庙前街查看蚊子的情况。钦差大臣骑马来到庙前街，果然蚊子多如牛毛，大如苍蝇，许多人被蚊子叮咬后身上长了毒疮，庄稼也因受蚊子侵袭长势不良。朱元璋听闻庙前街蚊子灾害如此严重，心里很不安。他亲自来到怀远，一为自己解恨，二为百姓解难。

到达庙前街时，恰好天色已晚，正是蚊子猖狂的时候。许多蚊子好像认识朱元璋似的，纷纷钻进轿帘，轮番围攻，把他叮得手忙脚乱，拍脸打腮，不一会儿满脸都是红包，连轿杆都被它们叮断了。朱元璋大怒，下了轿子，恼恨地用脚在地上跺了个深坑。他降下圣旨，叫文武百官把方圆百里内的蚊子统统捉拿归案，囚禁在深坑内，还叫怀远县知县取来一块巨石堵住坑口。不料那石头陷下一角，逃走了不少蚊子。朱元璋怕蚊子再逃，就挥笔在一块长条石上写下“不可再逃”四字，刻成碑碣（jié），立在坑边，以镇坑口。

朱元璋回到南京以后，仍念念不忘庙前街的蚊子灾害，担心蚊子碑被“妖魔鬼怪”毁坏，就把一个用石头雕刻而成的守护御花园的“天将”，派人运到庙前街镇守蚊子碑。这个石头将军站在蚊子碑以北，身高五尺，浓眉大眼，面目狰狞，双手紧握一把斧头，显得很威风，人们都叫它“守碑大将军”。

说来也怪，自从有了蚊子碑，庙前街的蚊子基本绝迹了，即使有几只，那也是以前从坑里逃出来的那几只蚊子的后代。

有蚊子碑当然好，可这终究是故事，把蚊子统统捉拿归案怎么可能呢？既然被蚊子咬是防不胜防的，那就找点儿乐子，像清代文学家沈复那样，见着蚊子高兴地拍手叫好。

夏蚊

夏蚊成[①]雷，私[②]拟作群鹤舞于空中，心之所向，则或千或百，果然鹤也；昂首观之，项为之强[③]。又留蚊于素帐[④]中，徐[⑤]喷以烟，使之冲烟而飞鸣，作青云白鹤观[⑥]，果如鹤唳[⑦]云端，为之[⑧]怡然[⑨]称快。

（摘自《浮生六记》）

注解

①成：像。

②私：私自、暗自。

③项为之强（jiāng）：脖颈为此而变得僵硬了。项：颈，脖颈。为：为此。强：通“僵”，僵硬。

④素帐：未染色的帐子。

⑤徐：慢慢地。

⑥观：景观。

⑦唳（lì）：鸟鸣。

⑧为之：因此。

⑨怡然：安适、愉快的样子。然：……的样子。

译文

夏天蚊子发出雷鸣般的声响，我暗自把它们比作一群仙鹤在空中飞舞，心里这么想，那成千成百的蚊子果然都变成仙鹤了；我抬着头看它们，脖颈都为此僵硬了。我又将几只蚊子留在蚊帐中，用烟慢慢地喷它们，让它们冲着烟雾边飞边叫，我把它当作一幅青云白鹤的景观——果然像仙鹤在青云中鸣叫，我为这景象高兴得拍手叫好。

沈复用想象发现了蚊子的“可爱”，算是“苦中作乐”吧！在有蚊子相伴的日子里，你是不是也有什么好玩的发现呢？

我所吐者，

遂为文章，

天子衮龙，

百官绂绣，

孰非我为？

三 蚕

不少人都养过蚕，还写过养蚕的观察日记。我小时候也养过蚕，但每次只养一条。蚕爱干净，所以我把它养在一个小小的火柴盒里，该喂桑叶的时候，放它出来；吃饱之后，又把它装回火柴盒，让它好好睡觉长身体。蚕长得快，没过几天就装满了整个火柴盒。有一天喂食时，我一不小心，蚕掉到了地上，碰巧大公鸡经过，低头猛地一啄，蚕成了大公鸡的美食。这事着实让我难过，但又有什么办法呢？只好再去问养蚕人讨一条，接着养。养蚕的时候，我缠着大人问："蚕为什么叫蚕呢？"不问不知道，一问，这里面还真的有故事呢！

阿巧与蚕花娘子

很久以前的一个冬天，天寒地冻，刮着北风。阿巧那蛇蝎心肠的后妈，让阿巧背着竹筐出门去割羊草。这样的日子，哪里还能有青草呢？可阿巧不敢不去啊！她从早晨跑到黄昏，从河边找到山腰，一根嫩草也没有找到。她身上冷，心里怕，不敢回家，就坐在一棵老松树下呜呜地哭起来了。

“要割青草，山沟沟！要割青草，山沟沟！”这个声音救了阿巧的命，让她在绝望之中看到了希望。她抬起头来，见老松树的枝叶间飞出一只白头颈鸟，扑棱着翅膀向山谷里飞去，一边飞，一边说着：“要割青草，山沟沟！要割青草，山沟沟！”

阿巧赶忙站起身，抹了一把眼泪，绕过老松树，追着白头颈鸟去了。拐个弯，那鸟忽地不见了。眼前的景象，把阿巧看呆了！一条弯弯曲曲的小溪淙淙地流着，两岸花红草绿，美得像春天。

阿巧到底年纪还小，才九岁呢，在大冬天见着如此神奇的景象，一点儿也没觉得奇怪。此时此刻，她的眼里只有青草，看到青草就像捡了宝贝一样，立马蹲下身子割起来。她边走边割，越走越远，不知不觉间，竟走到小溪的尽头。

她割满一竹筐青草，站起来擦擦额角上的汗珠，看见前面不远的地方，有个穿白衣、系白裙的姑姑，手里拎着一只细篾编的篮子，正在向她招手，笑嘻嘻地说："小姑娘，真是稀客呀，到我们家住几天吧！"

阿巧抬眼望去，眼前又是另一个世界：半山腰上有一排整齐的屋子，白粉墙，白盖瓦；屋前是一片矮树林，树叶绿油油的比巴掌还大；还有许多白衣姑姑，一个个都拎着细篾篮子，一边笑，一边唱，在矮树林里采那鲜嫩的树叶。

阿巧很高兴，忘记了他的爸爸，忘记了他那四岁的弟弟，更忘记了后妈的毒打……她就在这里住了下来。

以后，阿巧就跟白衣姑姑们一起，白天在矮树林里采摘嫩叶，夜晚用这嫩叶喂一种雪白的小虫儿。白衣姑姑告诉阿巧：这些雪白的小虫儿叫"天虫"，喂天虫的嫩叶叫"桑叶"。这些都是阿巧从来没有见过的。

慢慢地，小虫儿长大了，吐出丝来结成一个个雪白的小核桃。白衣姑姑又教阿巧怎样将这些雪白的小核桃缫成油光晶亮的丝线，又如何用树籽把丝线染上颜色：蓝的、粉的、金的、红的……

"真漂亮啊！"阿巧情不自禁说道。

白衣姑姑告诉她："这五光十色的丝线，是给天帝绣龙衣，给织女织云锦的。当然漂亮啦！"

“啊！”阿巧惊讶得张大了嘴巴。

夜里，阿巧想着“天帝”“织女”的样子，以前她听妈妈讲过天帝、织女的故事。现在，她觉得他们就在身边。她想起了弟弟，叫弟弟也到这里来过好日子吧！

阿巧一夜没睡，第二天天刚亮，她来不及告诉白衣姑姑，就自顾自回家去了。她走得很轻，怕把姑姑们吵醒。她带了一张撒满天虫卵的白纸、两袋桑树籽，一路走，一路丢，心里想：明天沿着桑树籽走回来，就不会迷路啦。

阿巧回到家里一看，爹已经老了，弟弟也长成小伙子了。爹见阿巧回来了，又高兴又难过，问她：“阿巧呀，你怎么去了十五年才回来？这些年你去哪里了啊？”

“十五年？不是才几天吗？”阿巧又糊里糊涂了，可眼前的爹胡子都花白了，后妈也已经去世了，她的那些小伙伴都长大了。她家挤满了人，都来看热闹。阿巧把自己怎样上山，怎样遇见白衣姑姑的经过告诉了大家。天上一天，人间一年，大家都说遇上仙人了。

第二天一早，阿巧想回山谷去看看。刚跨出门，她就看见了一道绿油油的桑树，原来她丢下的桑树籽，都已经长成了树。她沿着桑树一直走，绕过了老松树，但再也找不到进山谷的路了。

阿巧记得，本来是绕过这棵老松树，就能走进山谷去。可现在，老松树还像一把伞那样罩着，绕过它之后，眼前却是一片荆棘，根本就找不到路了。阿巧有些糊涂了，难道是自己记错了吗？可明明就是这棵老松树啊！

阿巧坐下来，背靠着老松树，理一理自己的思绪。忽然，那只白头颈鸟从老松树茂密的枝叶间飞了出来，叫着："阿巧偷宝！阿巧偷宝！"阿巧这才想起来，临走的时候，没有和白衣姑姑道别。她还自作主张拿了一张天虫卵和两袋桑树籽。一定是白衣姑姑生了气，把路隐掉，不再让她去山谷了。

没办法，阿巧只好回家去。她把天虫卵孵化出来，又采来嫩桑叶喂养，如在山谷时一样。从这时候开始，人间才有了天虫。后来人们将天虫两字合在一起，把它叫作"蚕"。那么，阿巧在山谷里遇见的白衣姑姑是谁呢？她就是专门掌管蚕茧收成的蚕花娘子。

蚕花娘子是蚕神，她有个别称叫马头娘。在"马头娘"这个称呼背后，是不是也有什么故事呢？东晋时期文学家干宝的《搜神记》，记载了一个"马皮蚕女"的故事，不但精彩，而且还有点儿神秘。请允许我把它演绎给你看。

被马皮裹走的女孩

"你能帮我把父亲接回家，我就嫁给你。"女孩摸着马儿的鬃毛，自言自语。

一个女孩怎么可以嫁给一匹马呢？虽然这是一匹白马，可以算是"白马王子"，但人兽有别啊。女孩当然也知道这是不可能的，她只不过是开个玩笑。她实在太思念父亲了，父亲出门远行已经很久了，怎么还没回来呢？

女孩一个人待在家里，白马是她唯一的伴儿。她多希望马儿能说话啊，可这又怎么可能呢？所以，女孩每次来喂养马儿，都会自言自语一番。

不过，这次可不一样！女孩说完“你能帮我把父亲接回家，我就嫁给你”这句话，马儿竟然挣断了缰绳，冲出门去，径直跑到女孩的父亲那里，悲哀地嘶叫。父亲看见了马儿又喜又惊，说：“我这儿没有什么事情，马儿却这样哀叫，难道家里发生了什么事吗？”其实，他一直记挂着家里的女儿，但在外奔波，实在身不由己。他也相信女儿大了，能照顾好自己。再说，他出门之前，还拜托了邻居，如果家里有事，请邻居帮忙照顾。可现在，家里的马儿不远千里而来，一定是有什么特别的事情吧？他急忙骑上马，回了家。

女孩见到父亲回家，很开心。父亲见她没事，也就放心了。女孩非常感激聪明的马儿，喂它最好的饲料，可马儿不肯吃。每次看见那女孩走进走出，马儿总是似喜似怒地踢蹄蹦跳。父亲对这个情况感到很奇怪，就询问女儿。女儿便把与马儿开玩笑的事一五一十地告诉了父亲。父亲心里有数了，他认定这就是马儿反常的缘故。他交代女孩：“不要把这件事说出去，它会玷污了我们家的名声。另外，你也快到出嫁的年纪了，别再进进出出了，乖乖待在房间里。”

女孩听父亲的话，大门不出，二门不迈，乖乖待在房间里做女红。实在待得无聊了，就和邻居家的女孩在院子里玩耍。

有一天，女孩从房间里望出去，发现院子里晒着一张白色的马皮。是自家的马儿死了吗？她跑出去问父亲。父亲说得很简单："马儿病死了。"看着空空的马厩，女孩很难过，多聪明的马儿啊！

当天晚上，女孩做了一个梦。马儿托梦给她，说它根本没有病，是她的父亲用弓箭射杀了它。他这么做，就是怕"玷污了我们家的名声"。

第二天，父亲去地里干活。女孩和邻家的姑娘在院子里玩耍。女孩故意用脚踢那马皮，在心里暗暗地说："你是畜生，还想娶我做媳妇吗？结果招来了这屠杀剥皮，为什么要自讨苦吃呢？……"话还没说完，那马皮突然挺立起来，卷着女孩飞走了。邻家的姑娘又慌又怕，不敢救她，便跑去告诉她的父亲。

父亲回来了，可女孩已经失踪了。他到处寻找，过了几天，终于在一棵大树上找到了，但女孩和马皮已经合在一起变成了蚕，在树上吐丝作茧。那茧又厚又大，蚕丝纯白发亮。后来，人们饲养这种蚕，并把那棵树命名为“桑”。

在浙江湖州，马头娘的故事代代相传，虽然也与马有关，但不是马皮裹身，而是蚕神骑马或蚕神牵马。

唐代诗人李商隐写下了“春蚕到死丝方尽”的诗句，使蚕成为奉献精神的代言，与同样吐丝的蜘蛛形成鲜明对比。

蛛与蚕

蛛语蚕曰：“尔饱食终日以至于①老，口吐经纬②，黄口灿然，固③之自裹。蚕妇操汝入于沸汤④，抽为长丝，乃丧厥⑤躯。然则其巧也，适⑥以自杀，不亦愚乎！”蚕答蛛曰：“我固⑦自杀。我所吐者，遂为文章，天子衮龙，百官绂绣⑧，孰⑨非我为？汝乃枵腹而营⑩，口吐经纬，织成网罗，坐伺其间，蚊虻蜂蝶之见过者无不杀之，而以自饱。巧则巧矣，何其忍也！”蛛曰：“为人谋，则为汝；自谋，宁为我！”噫，世之为蚕不为⑪蛛者寡矣夫！

（摘自《江盈科集》）

注解

①至于：到。

②经纬：织物的纵线叫经，横线叫纬。

③固：使……坚固。

④沸汤：开水。蚕妇缠丝时先要将茧子在开水中煮。

⑤厥：同“其”，自己。

⑥适：恰好。

⑦固：固然。

⑧文章：指带花纹的织品。衮（gǔn）龙：龙衣，古时帝王的礼服。绂（fú）绣：百官祭祀时穿的礼服。

⑨孰：哪一样。

⑩枵（xiāo）腹：空腹。营：营生，谋生。

⑪为：作为。

译文

蜘蛛对蚕说：“你饱食终日一直到老，口吐纵横的蚕丝，金光灿灿，使它牢固地裹住自己。蚕妇拿着你们放入沸水中，抽出长丝，却把你们自己弄死了，你吐丝虽然巧妙，但恰好用来自杀，难道不愚蠢吗？”蚕回答蜘蛛说：“我固然自寻死路，不过我所吐的丝，都成为带有花纹的织品。帝王穿的礼服，百官祭祀时所穿的礼服，哪个不是我吐的丝做成的呢？你现在空腹谋生，吐出纵横交叉的丝织成网，在那上面等候着。看见经过的蚊、虫、蜂、蝶，没有不杀了它们的，只为让自己吃饱。巧

妙是巧妙啊，可多么残忍啊！”蜘蛛说：“为别人着想，就做你；为自己着想的，宁愿做我。”唉，世上做蚕不做蜘蛛的人少啊！

蚕神是女的。《山海经》中记载：“一女子跪据树欧丝。”《蚕赋》有言：“此夫身女好而头马首者与？”后人可能据此而造出了人身马首的蚕马神，后来又演变为蚕神庙中的塑像——一个骑在白马背上的美丽的小姑娘。之前，我们讲了民间蚕神马头娘，这回我们要讲官方的蚕神——嫘祖。

蚕神嫘祖的故事

相传远古时候，中条山的北面是一片桑林，林边有一个村庄。每当太阳升起，桑林的阴影遮着村庄，人们便叫它西阴村。

西阴村里住着一位姑娘，名叫嫘祖，长得很好看。嫘祖的妈妈早年病亡，爹爹是黄帝手下的一员大将，常年出征在外，家里只剩下她和一匹心爱的小白马。

故事说到这儿，你是不是也联想到“马皮蚕女”的故事了？

这两个故事还真有些相似，但又不一样。

嫘祖确实说了“马儿啊马儿，你要是真懂人情，就到军中接回我的爹爹，那时，我就和你成亲”。

小白马确实去到军中接回了嫘祖她爹。

嫘祖她爹也确实拉弓搭箭，“嗖”的一声射杀了白马，气狠狠地剥下了马皮，扔到了屋前，然后气鼓鼓地走了。

嫘祖又羞又悔，跪在马皮跟前，伤心地说：“马儿啊马儿，怨我做错了事，害了你的性命，今生不能如愿，来世一定报答你的恩情。”正在这时，邻家姑娘雪花来找嫘祖玩耍，见她跪在马皮跟前，觉得十分奇怪，定要追根问底。嫘祖拗不过她，只好说了实话。谁知雪花听了以后，用脚踏着马皮说：“好你个畜生，真是不知羞耻，还想和我嫘祖姐姐成亲……”雪花的话音未落，就见平地掀起一股狂风，马皮腾空而起，紧紧地裹着雪花翻卷飘摇而去。

在“马皮蚕女”中，被卷走的是那个女孩，而这里，被卷走的是邻家姑娘雪花。

嫘祖一阵惊慌，赶忙跟着马皮追去。她一边追，一边喊：“雪花——雪花——”她追出了村庄，追进了桑林，最后，马皮竟夹在了一棵桑树的树杈上。

嫘祖慌忙地喊着：“雪花！雪花！”可她喊得越紧，马皮缩得越快，最后竟缩成一个大拇指般大小的小白团，紧紧地粘在桑树上。

嫘祖将它取下来，带回家。几天以后，小白团里飞出一只美丽的小白蛾。它的两弯眉毛、一双眼睛都和雪花姑娘的眉眼一模一样。它飞回桑林去，在桑叶上产下了许多黄色的卵，然后，小白蛾就落在地上，死了。

嫘祖十分伤心，守着这些卵。过了些日子，卵里边孵出了小黑虫；几天以后，小黑虫又变成了小白虫，它们的头就像小白马的头，只是少了两个耳朵。它们抬头站在桑叶上的姿态也和小白马一模一样，只是洁白发亮的身体像是雪花姑娘俊美的身材。

“啊，是她，是它，是他们的后代！”嫘祖姑娘终于发现了秘密。嫘祖就把这些小白虫一条条收回家中，放在院中的筐篮里，每天都要到桑林中摘最好的桑叶喂它们。时间一天天过去，小白虫渐渐长大，最后吐出了缕缕银丝。嫘祖十分想念小白马和雪花姑娘，觉得他们是替己身亡，而且死得很惨，就给他们的后代起了个纪念性的名字“蚕”。它们吐出的白丝也就成了“蚕丝”。

第二年，黄帝打败了蚩尤，大摆宴席，犒赏三军。各部落送来各式各样的宝物。嫘祖进献的蚕丝一下子吸引了黄帝的心。他望着洁白的蚕丝，看着美丽的嫘祖，心中十分爱慕，就向嫘祖她爹求亲。嫘祖她爹十分高兴，当即就让他们结成了夫妻。从此，中华土地上的养蚕事业就在黄帝的旨意下，推广到了全国。嫘祖的故乡——西阴，也就成了植桑养蚕的发源地。

因为嫘祖是黄帝的妻子，所以嫘祖也就成了官方的蚕神。对于蚕神嫘祖的祀奉，古代官方是相当重视的，《唐书》《宋史》《明史》《清史稿》中都记载了皇后亲自参加蚕事的典礼，祭祀嫘祖。不过，民间更信仰马头娘。在战国末期，思想家荀子用猜谜的形式写过一篇《蚕赋》，他借蚕的形象阐述了“仁义礼智信”中的“礼”和“智”。

蚕赋

有物于此，……功被天下，……功立而身废，事成而家败。……臣愚而不识，请占①之五泰。五泰②占之曰：此夫身女好③，而头马首者与④？屡化而不寿者与？善壮而拙老⑤者与？有父母而无牝牡⑥者与？冬伏而夏游，食桑而吐丝，前乱而后治⑦。夏生而恶暑，喜湿而恶雨。蛹以为母，蛾以为父。三俯⑧三起，事乃大已。夫是之谓蚕理。

（摘自《荀子》）

注解

① 占：推测。

② 五泰：字面意思是“五方通”，等于我们现在说的“万事通”。这里是虚拟的人名，用来指一个无所不通的人。古代常用这种方式来虚拟人名。

③ 女好：柔婉，柔美。

④ 与：文言助词，表示疑问、感叹、反诘等语气。

⑤ 拙老：不善于度过老年。蚕蛾不但不善飞，而且口器退化而

不能取食，交尾产卵后便死去，所以说“拙老”。

⑥ 牝牡：牝，鸟兽的雌性；牡，鸟兽的雄性。

⑦ 前乱而后治：蚕开始结茧时吐的丝起固定蚕茧的作用，因而较为纷乱；后来吐的茧丝很有秩序，所以说“前乱而后治”。

⑧ 三：泛指多次。俯：蛰伏，指蚕眠，即蚕每次蜕皮前不食不动的现象。蚕在生长过程中要蜕皮四次。

译文

在这里有种东西……它的功德覆盖天下……功业建立而自身被废，事业成功而家被破坏……我愚昧而不认识它，请万事通把它猜一猜。万事通推测它说：这东西是身体像女人一样柔美而头像马头的吗？是屡次蜕化而不得长寿的吗？是善于度过壮年而不善于度过老年的吗？是有父母而没有雌雄分别的吗？是冬天隐藏而夏天出游的吗？它吃桑叶而吐丝，起先纷乱而后来有条不紊。它生长在夏天而害怕酷暑，喜欢湿润却害怕雨淋。它把蛹当作母亲，把蛾当作父亲。它多次伏眠，多次苏醒，才真正长大。这是关于蚕的道理。

荀子曾说：“诗言是其志也。”尽管《蚕赋》写的是具体的事物，但是，它是有寓意的，而且它的寓意比较难体会，不像民间故事的寓意那么简单明了。

蚕宝宝吊孝

村里有对兄弟，哥哥娶了个聪明媳妇，弟弟娶了个傻媳妇。后来，父母过世了，兄弟俩就分了家。哥哥一家，聪明能干，丰衣足食，但总是苦着一张脸；弟弟一家，也勤劳，虽说家里家外的活儿干得不怎么漂亮，但解决温饱没问题，而且脸上总挂着幸福的笑容。

到了农历十二月十二，要养蚕了。他们两家的养蚕房同在一座房子里，左边半间是哥哥家的，右边半间是弟弟家的。傻媳妇从来没干过这些事，就去问嫂子蚕种怎么孵。嫂子笑眯眯地说："你拿开水把蚕种涮一涮。"傻媳妇还真这么干了，结果蚕种全烫死了，只有遗落的两粒蚕种孵出了两条蚕。

嫂子养上千条蚕，傻媳妇就养两条蚕。喂桑叶的时候，嫂子撒多少叶，傻媳妇也撒多少叶。奇怪了，虽然她只有两条蚕，但照样把桑叶全吃光。

后来，蚕要上山了。傻媳妇又去问嫂子怎么扎山。嫂子扎多少山，她也扎多少山。嫂子觉得好笑，走到隔壁装作帮忙，其实是想去找点儿乐子。可她一看见那两条蚕，就嫉妒起来。这两条蚕特别大，比她养得好多了！她起了歹心，要戳死它们。

夜里，嫂子溜到隔壁，拔下头上的簪子，把两条大蚕戳死了。哪里晓得，傻媳妇养的这两条蚕是蚕王。蚕王一死，嫂子那边的蚕统统爬过来吊孝了。

到摘蚕茧的那天，嫂子进自己家蚕房一看，一个蚕茧也没有，傻媳妇的蚕房里反倒结满了蚕茧。嫂子气得直跺脚！

读了这个故事，你体会到什么了吗？

讲了这么多故事，你对“天虫”有更多了解了吗？

家贫不常得油，

夏月则练囊盛数十萤火以照书，

以夜继日焉。

夏夜萤光

12

萤火虫

我读小学时，家乡有很多萤火虫，上中学之后，就很少见到它们了。现在回想起来，最记得母亲的话：萤火虫能预测当年水稻的收成。趁萤火虫落在地上还没有飞起来的时候，用脚一踩，用力向后碾拖，地上会现出一条光痕，这光痕要隔好一会儿才会消失：光痕长，水稻就丰收；光痕短，水稻就歉收。那长长的绿黄色的光痕，多像一株沉甸甸的稻穗呀！我总是想，再踩一只萤火虫会不会出现更长的稻穗呢？可母亲说，只能踩一只，踩第二只就不灵了。母亲的说法，是老辈人一代代传下来的，迷信之中带有智慧，对大自然中的生灵而言，算是一种保护吧。

萤火虫会发光，所以特别引人注目。在古代，希腊人叫它亮尾巴，中国人叫它萤火、夜光、景天、宵行、丹鸟……李时珍在《本草纲目》中记载，萤火虫是一味药，能治青光眼、小儿火疮伤等伤病。尽管古人为萤火虫取了很多名字，既形象又诗意，而且还在生活中使用萤火虫，但是古人并不了解萤火虫。《礼记》中说：萤火虫是腐草变的。于是便有了“腐草为萤”的说法，更有甚者说萤火虫是茅根变的，是竹根变的，是牛粪变的……清代著名学者郝懿行反对这些说法，他在《尔雅义疏》中说：萤火虫是卵生的。法国昆虫学家法布尔也曾仔细观察过萤火虫，写了非常美的文章，有兴趣的朋友们可以去翻看《昆虫记》。而在这里，我要给大家介绍一个科普童话，作家经绍珍的《萤火虫和蜗牛》。

蜗牛的天敌是谁呢？它的天敌很多啦，小鸡、水鸭、飞鸟、癞蛤蟆都是蜗牛的天敌，把蜗牛吃进肚子去。但对蜗牛来说，最致命的天敌却是萤火虫！这个答案是不是让你惊讶得张大了嘴巴？

童话的主角，蜗牛，它傲慢地说：“我背着小房子可以防身，牙齿第一多，有 14000 多颗牙齿，谁也不是我的对手！”

14000多颗牙齿啊，听着就很厉害呢。可飞来一只萤火虫，用小灯一照，用针头一样的嘴巴在蜗牛身上扎几下，蜗牛很快就失去了知觉。大大的蜗牛被小小的萤火虫制伏了，这算不算稀奇事？其实也不算啦，谁让萤火虫有“麻醉针”呢？它能将蜗牛的身体化成液体，然后慢慢享用。而且，萤火虫会把卵产在蜗牛的身体里，等虫卵孵出小虫来，它们就会蚕食蜗牛的身体了。我们平时在草地里或花丛中发现的蜗牛壳，很有可能就是萤火虫做下的好事哟！

萤火虫是一种小型甲虫，看起来纯洁、善良、可爱，却是一种凶猛无比的食肉动物，是一个善于猎取山珍野味的猎人。全世界约有2000种萤火虫，有的是水生的，有的是陆生的。古人在水边、竹林看到萤火虫，误以为是腐草、竹根所化，如果古人能观察得细致些，就不会出错了。这些都是从科学的角度去看待萤火虫，如果从文学想象的角度出发，古人会说萤火虫是怎么来的呢？

吓人桥边萤火虫

有一座桥，叫吓人桥。据说，最早是在这座桥附近出现了萤火虫。它尾部的绿光像一个灯笼。为什么像一个灯笼呢？因为它本来就是灯笼变的。

有一个可怜的少年，五岁那年，母亲因病去世。半年后，爹爹给他娶了一个后母。后母的拳头，六月的日头。年纪小小的他，受尽后母的虐待。

在一个阴冷的黄昏，大雨刚停，后母把一个葫芦和几枚铜钱交给他，叫他去河对岸的村子打酒。虽然河不宽，河上也有桥，但桥窄路滑，实在不好走。过吓人桥的时候，他不小心跌了一跤，把葫芦和铜钱掉进了河里。他心惊胆战地回了家，老老实实地将事情经过告诉后母。后母火冒三丈，用力把他的耳朵扯出了血，再把一个灯笼丢给他，怒气冲冲地嚷道："找不到葫芦和铜钱就别回来了。"他流着泪，走在吓人桥上。慢慢地，夜黑了，灯笼越来越亮，可即使再亮又哪能找到葫芦和铜钱呢？寒风呼啸，河水湍急……

他不敢回家。

他饿昏了。

他冻死在桥上了。

第二天，早起的村民发现了他的尸体，一声叹息。

他被埋在吓人桥边，和灯笼一起。

据说，这萤火虫就是他死后变的。每到夜晚，他仍旧提着灯笼在吓人桥边飞来飞去，寻找丢失的葫芦和铜钱；有时，他飞上山坡，飞到墓地，他想他的亲生母亲了。他很少飞入室内，他怕后母的拳头。

萤火虫

很久以前，有个老头儿，是个勤劳的种田人，每日天蒙蒙亮就上山去，干到天墨墨黑才回家。他老伴死得早，只剩个女儿在身边，名叫萤姑。萤姑对阿爸很孝顺，每天黄昏，她总是提着灯笼去接阿爸回家。

一天黄昏，天上云遮了，电闪了，雷响了，她阿爸上山还未回来。萤姑心里急呀，赶紧提起灯笼，带上蓑衣箬笠，三步并作两步，急匆匆地向山上跑去。

半路上，萤姑就接到了阿爸。这时，风大雨大，风夹着雨，雨像倒下来一样，灯笼也被大雨淋灭了。山路又狭又滑又崎岖，父女俩高一脚低一脚，一前一后走着。突然，萤姑一脚踩空，滚进了溪水里。这时溪水正涨得猛！哗哗，哗哗，哗哗哗……

阿爸喊得震天动地，但无能为力，回应他的只有山谷的回音。雨还是那么大，溪水还是那么响，天还是那么黑，即使闪电也无法将黑暗撕开。

第二天，阿爸才从溪水下游捞上萤姑的尸身，把她葬在山路旁。

从此，阿爸孤苦一人。生活还是要继续，阿爸依旧起早摸黑。只是每天夜归，他总想起孝顺的萤姑提着灯笼接他回家的情景，想得他泪流满面，总去萤姑坟前坐一会儿，或拔一棵草，或捡一片叶，或放一朵花。

这天晚上，阿爸采了一朵漂亮的花，又去萤姑坟前。只见坟堆上飞着数不清的小虫，每只小虫的屁股上都发出一闪一闪的光，团团围着他。坐久了，他要回家了，小虫像灯笼，一路上照着他。他想，这虫一定是萤姑变的，就把这件事告诉了村里人。大家为了纪念孝顺的萤姑，就管这小虫叫萤姑虫，后来又叫成了“萤火虫”。

两个民间故事都把萤火虫和灯笼联系在一起，给萤火虫添了一层悲凉。法布尔却说，萤火虫这个稀奇的小家伙，为了表达生活的欢愉，在屁股上挂了一盏小灯笼。多从生活中发现一些美好吧，也许萤火虫的灯笼是用来帮助他人的，也许萤火虫的灯笼是用来看书的！

童话《萤火虫打灯笼》的开头是这样写的：“夏季的夜空，有一种精灵，它们守候在每一个乡间的路口，时刻准备给赶夜路的人打一盏灯笼，它们就是萤火虫。”

那是一个没有月亮也没有星星的夜晚。一只小狗正摸黑往家赶。天实在太黑了，小狗也怕啊，呜呜地哭了起来。这时，飞过来一只小小的萤火虫，手里提着一盏小小的灯笼……

我们不难想象，每过一个路口，就会出现一盏新的灯笼。在一只又一只萤火虫的接力护送下，小狗终于安全到了家。

黑夜里的一点儿亮，不仅能照亮自己，也照亮了别人；

不仅亮在夜色里，更暖在心头，多好哇！我记得有个故事叫《哦！冬夜的灯光》，说一位医生在冬夜接到一个农民打来的电话，请他上门去为一个正在发高烧的婴儿治病。医生犯难了，农民家在十五公里外，他刚到此地不久，不知道怎么开车去。农民说："我知道该怎么办了，医生。我会打电话给沿途农家，叫他们开亮电灯，你看着灯光开车到我这里来。我会把开着车头灯的卡车停在大门口，那样你就找得到了。"果然，沿途的农家全部把电灯开亮了。那时，农家夜里用灯是很节约的，但一路的灯光指引着医生，使他顺利找到了那个求医的农民家。这沿途的每一户灯光，不正像一只只萤火虫吗？温暖吧。

我又想到一个叫《萤灯台》的民间故事。

说欧阳修为叔父守孝三年，其间，他住在山上坟边的一间小屋里，断绝任何来往应酬，只埋头读书作诗。

一个夏日夜晚，欧阳修读书读累了，到屋外活动身子。走出门才发觉刚刚下过一阵雨，空山新雨后，空气特别清爽，吸入肺腑，沁人心脾，疲劳一扫而光。突然，他发现左前方的草丛里有光亮，是什么东西？他好奇地走过去，弯下腰，原来是四只萤火虫，被雨水打湿了翅膀，飞不起来了。

欧阳修小心地把它们捡到手掌上，带回屋，放在书桌上，等它们翅膀干了，再送到屋外放飞。说来也奇怪，那四只萤火虫绕着欧阳修飞了三圈，才慢慢飞往别处去。

过了几天，又是半夜，欧阳修还在读书，烛台上的蜡烛火苗猛地上蹿几下就熄了。他想再点一支蜡烛，偏偏都用完了，真是扫兴。读得正起劲呢！哪怕现在能够下山去，也没地方买蜡烛啊。唉，算了算了，欧阳修站起身来，准备借着窗外微弱的星光摸上床去。

在看向窗外的那一瞬间，他瞪大了眼！一团亮光从远到近直飞过来，一会儿就落在了书桌前的窗台上，把书桌照得通亮。原来是成千上万只萤火虫聚集在一起，结成了一盏明亮的萤灯！这时，有四只萤火虫从萤灯里飞出来，在他头上绕了三圈，然后又飞入萤灯中去了。欧阳修记得上次那四只萤火虫，对“绕三圈”格外有印象。他很感动，萤火虫来报恩了呢，可不能辜负了一片好意啊。于是欧阳修便一刻也不耽误，继续认真读书。萤火虫一直陪着欧阳修，直到天明才飞走。

后来，人们就把萤火虫照着欧阳修读书的地方叫作萤灯台。

这是一个“报恩型”故事，欧阳修救了萤火虫，萤火虫用自己的小灯笼报答了欧阳修。在生活中，我们真是应该乐于助人，别人也会热心地帮助你，这样世界就会变得越来越美好，不是吗？

说到用萤火虫照明读书，最佳代言人就是晋代的车胤了。在关于车胤的传记中，这个故事是怎么记载的呢？

囊萤照读

车胤，字武子，南平[①]人也。曾祖[②]浚，吴会稽太守。父育，郡主簿。太守王胡之，名知人[③]，见胤于童幼之中，谓胤父曰："此儿当大兴卿门，可使专学。"胤恭勤不倦，博学多通。家贫不常得油，夏月则练囊[④]盛数十萤火以照书，以夜继日焉。及长，风姿美劭，机悟敏速，甚有乡曲[⑤]之誉。

（摘自《晋书》）

注解

①南平：今湖南津市、安乡，湖北公安一带。

②曾祖：爷爷的父亲。

③名：出名的，有名声的。知人：能鉴察人的品行、才能。

④练囊：用一种白色的绢做成的口袋。

⑤乡曲：家乡，故里。

译文

晋代的车胤，字武子，是南平人。他的曾祖父车浚，曾经担任会稽太守；他的父亲车育在郡中担任主簿。太守王胡之善于识才是出了名的，见到孩童时期的车胤，跟车胤的父亲说："这个孩子将来能当大官，光耀门楣，你应该让他读书深造。"车胤从小勤奋攻读，博览群书，孜孜不倦。他家比较贫穷，常常缺灯油，所以到了夏天，他会捉几十只萤火虫，装在白色透明的口袋里，用萤光照明，夜以继日苦读书。车胤长大后，仪态俊美，风度翩翩，机灵敏捷，聪明过人，常常得到家乡人的夸赞。

捉几十只萤火虫就能在夜里照亮书本上的字？这不可能！但国外有这样的记载：非洲有种萤火虫，个体大，发光亮，当地人把萤火虫捉来装入小笼，再把小笼固定在脚上，走夜路时可以照明。在南美洲有种巨型萤火虫，体长达 50 毫米，发出的光像一颗大钻石那样闪烁耀眼。古代墨西哥海湾有很多海盗，航海时不敢点灯，就用萤火虫替代。也许车胤捉的是特别大的萤火虫吧。

萤火虫不仅能照明，还能用来捕鱼。英国人在玻璃瓶中装上许多萤火虫，把玻璃瓶沉到海里引诱鱼，可以捕到很多鱼；而我国古代则把羊的膀胱吹胀晒干，装进上百只萤火虫，绑在网底，鱼看到光会游过来，捕鱼人就能捕到很多鱼了。

我小时候猜过萤火虫的谜语：日里草里住，夜里空中游，只见屁股不见头。长大后发现，萤火虫的乐趣不仅小孩可以拥有，大人也可以拥有。

据《隋书》记载，公元 616 年，隋炀帝杨广曾在东都洛阳景华宫令人捉了数斛（古代量粮食的工具，一斛十斗）萤火虫，在他夜出游山时放飞，供他观赏。千千万万只萤火虫在山间飞舞，这景象一定非常壮观吧。后来，隋炀帝来到扬州，还专门建了一座放萤苑。

唐代诗人杜牧和李商隐的诗句中记下了“放萤苑”，唐代诗人韦应物写过《玩萤火》诗，清代戏曲作家李斗在《扬州画舫录》中记载了当时人们怎么做萤火虫灯……

可如今，家乡的萤火虫几乎绝迹，玩萤火虫成了一件奢侈的事情。英国生物学家珍·古道尔说过：“唯有认知才有关爱，唯有关爱才有行动，唯有行动才有希望。”让我们认识萤火虫，保护萤火虫吧！印度诗人泰戈尔这样夸赞它：“你冲破了黑暗的束缚，你微小，但你并不渺小。”

我国有非常精彩经典的动物植物故事，在流传过程中，我们似乎只在意故事的本身——会按地域不断修改一个故事，出现异文，构成庞大的故事群，而忽略故事的讲述者、采录者、创作者，包括我自己也是这样——把故事记在心里，需要的时候脱口而出，比如《小马过河》，故事早就会讲了，却不记得作者名叫“彭文席”。钱锺书讲过：鸡蛋好吃，干吗要知道是哪只母鸡下的呢？话虽如此，但讲述者、采录者、创作者还是应该要受到足够的尊重。此书出版之际，我开始整理书本中涉及故事的准确出处，真的很难！一是时间跨度太长，好多故事都是十多年前收集的，当时没有记下出处的意识，以致今日事倍功半；二是一些故事是朋友发过来的，时间一长，朋友也不知从何处得来故事；三是一些故事来源于网络，好多链接已经失效，故无从查找。时间流逝了很多，时间改变了很多，时间也沉淀了很多，我们生活中的这些好故事，受岁月打磨愈来愈有味道，滋润一个又一个童年，让我们在身边的虫子里丰盈起来。真诚感谢这些故事的讲述者、采录者、创作者，虽不能一一找齐全，但一样真诚感谢！让我们一起，把这些精彩奉献给读者；让我们看虫子的时候，不再只是去看它们是益虫还是害虫，还有文化，还有精神。

本书引用故事参考文献

[1] 马儿 . 有才的知了 . 小精灵儿童网站 .

[2] 严文井 . 蚯蚓和蜜蜂的故事 .

[3] 额尔德木图，胡尔查 . 蜜蜂和熊 . 中国民间故事集成内蒙古卷 .

[4] 查干伊希格，赛音吉尔嘎拉，胡尔查 . 蜜蜂是怎么变成哑巴的 . 中国民间故事集成内蒙古卷 .

[5] 李进恩，李国保 . 蜜蜂和马蜂 . 中国民间故事集成贵州卷 .

[6] 蜜蜂衣 . 龙吟秋季刊 .

[7] 蚯蚓 . 搜狗百科词条 .

[8] 袁家修，吕允龙 . 蚯蚓的来历 . 中国民间故事集成江苏卷 .

[9] 虾借眼睛 . 峰峰新浪博客 .

[10] 蚂蚁和蚯蚓 .365 夜故事 .

[11] 王桂芝，苗润成 . 青蛙 . 中国民间故事集成黑龙江卷 .

[12] 于作宾，李正义 . 墨点青蛙 . 中国民间故事集成陕西卷 .

[13] 李菊英，冯金平 . 陆逊金城戏青蛙 . 中国民间故事集成湖北卷 .

[14] 萧世涌，李良山 . 狐狸、刺猬、青蛙 . 中国民间故事集成山西卷 .

[15] 张后元，张会鉴 . 青蛙学话 . 中国民间故事集成陕西卷 .

[16] 罗扬，索朗次仁 . 青蛙骑手 . 中国曲艺志西藏卷 .

[17] 刘艺，王腾芳 . 蜗牛和黄牛 . 中国民间故事集成陕西卷 .

[18] 蜗牛的奖杯 . 苏教版二年级语文下册课文 .

[19] 钟明辉 . 狼先生遇到蜗牛先生 . 广东第二课堂 .

[20] 蓝有财，陈摩人 . 龙、蜈蚣和鸡 . 中国民间故事集成广东卷 .

[21] 王荣兴，邱位明 . 蜈蚣庙 . 中国民间故事集成福建卷 .

[22] 潘玲母，姜立根 . 蜈蚣精 . 中国民间故事集成江西卷 .

[23] 郑瑞，刘南 . 蚊子的传说 . 中国民间故事集成广东卷 .

[24] 杨俊强，槐杨、英忠 . 巧铁匠和蚊子 . 平山民间故事 .

[25] 阿勒腾哈孜克・车奥玛依，散拜・玛提力巴赫特・阿曼别克，依斯哈别克・别先别克蚊子教训狗熊 . 中国民间故事集成新疆卷下册 .

[26] 比拉力阿洪，艾海提・阿西木，赵世杰 . 蚊子攻夺城池 . 中国民间故事集成新疆卷下册 .

[27] 王忠海，朱峰 . 鳖为啥怕蚊子 . 中国民间故事集成河南卷 .

[28] 成永远，成祖双 . 镇蚊碑 . 中国民间故事集成安徽卷 .

[29] 蚕花娘子，百度百科词条 .

[30] 范阿连，朱永兴 . 蚕宝宝吊孝 . 中国民间故事集成江苏卷 .

[31] 李仙照，李林亿，黎笔强 . 萤火虫的由来 . 中国民间故事集成海南卷 .

[32] 刘上候，刘体龙 . 萤火虫 . 中国民间故事集成浙江卷 .

[33] 刘仁清，刘碧峰 . 萤灯台 . 中国民间故事集成湖北卷 .